智能系统与技术丛书

Deep Learning with Applications Using Python

Chatbots and Face, Object, and Speech Recognition With TensorFlow and Keras

Python深度学习实战

基于TensorFlow和Keras的聊天机器人以及人脸、物体和语音识别

[印] 纳温·库马尔·马纳西(Navin Kumar Manaswi)著

刘毅冰 薛明 译

机械工业出版社
China Machine Press

图书在版编目（CIP）数据

Python 深度学习实战：基于 TensorFlow 和 Keras 的聊天机器人以及人脸、物体和语音识别 /（印）纳温・库马尔・马纳西（Navin Kumar Manaswi）著；刘毅冰，薛明译．—北京：机械工业出版社，2019.3（2021.1 重印）
（智能系统与技术丛书）
书名原文：Deep Learning with Applications Using Python: Chatbots and Face, Object, and Speech Recognition with TensorFlow and Keras

ISBN 978-7-111-62276-5

I. P… II. ①纳… ②刘… ③薛… III. 软件工具－程序设计 IV. TP311.561

中国版本图书馆 CIP 数据核字（2019）第 050790 号

本书版权登记号：图字 01-2018-8341

Python 深度学习实战
基于 TensorFlow 和 Keras 的聊天机器人以及人脸、物体和语音识别

出版发行：机械工业出版社（北京市西城区百万庄大街 22 号 邮政编码：100037）
责任编辑：刘 锋　　责任校对：张惠兰
印 刷：北京诚信伟业印刷有限公司　　版 次：2021 年 1 月第 1 版第 4 次印刷
开 本：186mm×240mm 1/16　　印 张：11
书 号：ISBN 978-7-111-62276-5　　定 价：69.00 元

凡购本书，如有缺页、倒页、脱页，由本社发行部调换
客服热线：（010）88379426 88361066　　投稿热线：（010）88379604
购书热线：（010）68326294　　读者信箱：hzit@hzbook.com

FOREWORD

序

深度学习经历了很长时间的发展，从最初试图理解人类心智与观念联想论的概念——我们是如何理解事物以及物体和观点之间的关系是如何影响我们的思考和行为的，直到对联想行为进行建模。后者始于19世纪70年代，亚历山大·贝恩（Alexander Bain）通过组合神经元的方式开启了人工神经网络的篇章。

到2018年，我们看到了深度学习如何被显著改进并以各种各样的形式呈现出来——从物体检测、语音识别、机器翻译、自动驾驶、人脸检测以及人脸检测的日常应用（比如解锁你的iPhone X)，到实现更复杂的任务（比如犯罪活动的甄别与预防)。

卷积神经网络（CNN）和循环神经网络（RNN）正熠熠生辉，因为它们接连不断地帮助人们解决世界性的问题，毫不夸张地说是在所有的行业领域，如自动化交通与运输、医疗卫生与保健、零售业等。这些领域正在取得重大进展，通过以下这些指标就足以说明深度学习领域的活力：

- 自1996年起，计算机科学的学术论文数已经飙升了10倍以上。
- 自2000年起，风险投资对AI初创公司的投资增加了6倍以上。
- 自2000年起，活跃的AI初创公司的数量增加了14倍以上。
- 自2013年起，所有AI相关的工作市场雇佣量增加了5倍以上，并且深度学习在 2018 年是最抢手的技能。

- 84% 的企业相信投资 AI 会使它们具有强大的竞争优势。
- 图像分类的错误率已经从 2012 年的 28% 下降到了 2017 年的 2.5%，并且还一直在下降!

尽管如此，研究者并不满足。我与我的同行们正在一起推动和发展新的胶囊网络（CapsNet），这将大为拓展深度学习的边界。我不是独自在战斗。很高兴能为 Navin 这本书作序，Navin 是我熟知的深度学习领域中一位备受尊敬的专家。

这本书恰逢其时。 此刻，无论是业界从业者还是研究者都急需通过实践来提高他们对深度学习的理解并最终将其应用到实际工作中。

我确信 Navin 这本书能给学习者提供所需的知识。TensorFlow 框架正在迅速成为市场的引领者，Keras 也越来越多地被用来解决计算机视觉和自然语言处理中的问题。这两个框架如此重要，以至于还没有哪个相关行业的公司不使用它们。

期待这本书的出版!

Tarry Singh

Deepkapha.ai 的建立者和 AI 神经科学研究员

Coursera 的深度学习导师

CONTENTS

目　录

第 1 章 TensorFlow 基础

本章讨论深度学习框架 TensorFlow 的基础概念。深度学习在模式识别方向，尤其是在图像、声音、语音、语言和时间序列数据上表现出色。运用深度学习，你可以对数据进行分类、预测、聚类以及提取特征。2015 年 11 月，谷歌发布了 TensorFlow。TensorFlow 在谷歌的大多数产品，比如谷歌搜索、垃圾邮件检测、语音识别、谷歌助手、谷歌即时桌面以及谷歌相册中得到了运用。

TensorFlow 具有实施部分子图计算的独特功能，因此可以通过分割神经网络的方式进行分布式训练。换句话说，就是 TensorFlow 允许模型并行和数据并行。TensorFlow 提供了多种 API。最低阶的 API——TensorFlow Core——可以提供完整的编程控制。

关于 TensorFlow 要注意以下几个要点：

- 图是对于计算的一种描述。
- 图包含作为操作的节点。
- 在一个给定的会话语境中执行计算。
- 对于任何计算过程而言，图一定是在一个会话里启动。
- 会话将图操作加载到像 CPU 或者 GPU 这样的设备上。
- 会话提供执行图操作的方法。

关于安装，请访问 https://www.tensorflow.org/install/。

1.1 张量

在学习 TensorFlow 库之前，我们先熟悉一下 TensorFlow 中的基本数据单元。张量是一个数学对象，它是对标量、向量和矩阵的泛化。张量可以表示为一个多维数组。零秩（阶）张量就是标量。向量或者数组是秩为 1 的张量，而矩阵是秩为 2 的张量。简言之，张量可以被认为是一个 n 维数组。

下面是一些张量的例子：

- 5：秩为 0 的张量，这是一个形状为 [ ] 的标量。
- [2.,5.,3.]：秩为 1 的张量，这是一个形状为 [3] 的向量。
- [[1.,2.,7.],[3.,5.,4.]]：秩为 2 的张量，这是一个形状为 [2,3] 的矩阵。
- [[[1.,2.,3.]],[[7.,8.,9.]]]：秩为 3 的张量，其形状为 [2,1,3]。

1.2 计算图与会话

TensorFlow 因其 TensorFlow Core 程序而受欢迎，TensorFlow Core 有两个主要的作用：

- 在构建阶段建立计算图
- 在执行阶段运行计算图

我们来看一下 TensorFlow 是如何工作的：

- 其程序通常被结构化为构建阶段和执行阶段。
- 构建阶段搭建具有节点（操作）和边（张量）的图。
- 执行阶段使用会话来执行图中的操作。
- 最简单的操作是一个常数，它没有输入，只是传递输出给其他计算操作。

- 一个操作的例子就是乘法（或者是取两个矩阵作为输入并输出另一个矩阵的加法或减法操作）。
- TensorFlow 库具有一个默认图来给构建操作添加节点。

因此，TensorFlow 程序的结构有如下两个阶段：

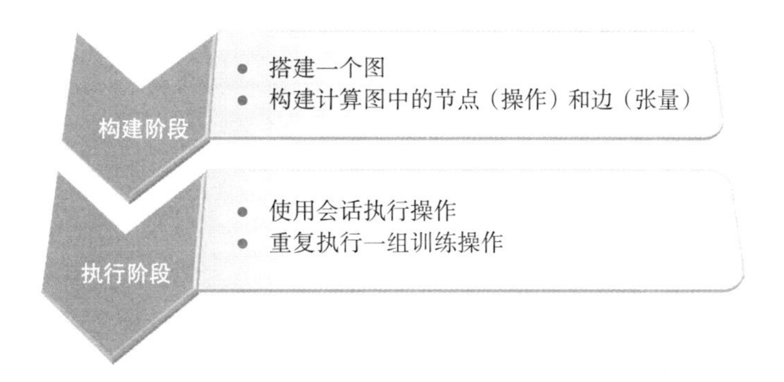

计算图是由一系列的 TensorFlow 操作排成的节点组成的。

我们来对比一下 TensorFlow 和 Numpy。在 Numpy 中，如果你打算将两个矩阵相乘，需要生成两个矩阵并将它们相乘。但是在 TensorFlow 中，你建立一个图（默认图，除非你另外创建了一个图）。接下来，需要创建变量、占位符以及常量值，然后创建会话并初始化变量。最终，把数据赋给占位符以便调用其他操作。

实际上，为了计算节点，必须在一个会话里面运行计算图。

一个会话里囊括了 TensorFlow 运行时的控制和状态。

下面代码生成了一个会话（Session）对象：

```
sess = tf.Session()
```

这之后就可以用它的运行方法来充分运行计算图以计算节点 1 和节点 2。

计算图定义了计算。它并不执行计算，也不保留任何值。它用来定义代码中提及的操作。同时，创建了一个默认的图。因此，你不必创建图，除非需要创建图用于多种目的。

会话允许你执行图或者只执行部分图。它为执行分配资源（在一个或多个 CPU 或者 GPU 上）。它还保留了中间结果和变量值。

在 TensorFlow 中创建的变量的值，只在一个会话内是有效的。如果你尝试在之后的第二个会话里访问其值，TensorFlow 就会报错，因为变量不是在那里初始化的。

想运行任何操作，需要给图创建一个会话。会话会分配内存来存储当前变量值。

以下是演示代码：

```
import tensorflow as tf
sess = tf.Session()
```

```
# Creating a new graph(not default)
myGraph = tf.Graph()
with myGraph.as_default():
    variable = tf.Variable(30, name="navin")
    initialize = tf.global_variables_initializer()
```

```
with tf.Session(graph=myGraph) as sess:
    sess.run(initialize)
    print(sess.run(variable))
30
```

```
# Tensorboard can be used. It is optionalmy_
# Output graph can be seen on tensorboard
import os
merged = tf.summary.merge_all(key='summaries')
if not os.path.exists('tensorboard_logs/'):
    os.makedirs('tensorboard_logs/')

my_writer = tf.summary.FileWriter('/home/manaswi/tensorboard_logs/', sess.graph)

def TB(cleanup=False):
    import webbrowser
    webbrowser.open('http://127.0.1.1:6006')
    !tensorboard --logdir='/home/manaswi/tensorboard_logs'

    if cleanup:
        !rm -R tensorboard_logs/

TB(1)       # Launch graph on tensorboard on your browser
```

1.3　常量、占位符与变量

TensorFlow 程序使用张量数据结构来表示所有的数据——在计算图中，只有张量在操作之间被传递。可以把 TensorFlow 张量想象成一个 *n* 维数组或者列表。张量具有静态类型、秩以及形状。在这里，图产生一个不变的结果。变量在整个图的执行过程中维持其状态。

通常，在深度学习中你不可避免地要处理很多图片，因此需要给每一张图片赋以像素值，然后对所有图片重复此操作。

为了训练模型，需要能够修改图以调节一些对象，比如权重值、偏置量。简单来说，变量让你能够给图添加可训练的参数。它们在创建时就带有类型属性和初始值。

让我们在 TensorFlow 中创建一个常量并输出它。

```
import tensorflow as tf
x = tf.constant(12, dtype='float32')
sess = tf.Session()
print(sess.run(x))
```

```
12.0
```

下面是对前面代码的逐行解释：

1. 导入 `tensorflow` 模块并用 `tf` 来调用它。
2. 创建常量值（`x`）并指定其数值为 `12`。
3. 创建会话来计算数值。
4. 只运行变量 `x` 并输出其当前值。

前两步属于构建阶段，后两步属于执行阶段。下面讨论 TensorFlow 的构建阶段和执行阶段。

可以把前面的代码用另一种方式重写如下：

```
import tensorflow as tf
x = tf.constant(12, dtype='float32')
with tf.Session() as sess:
    print(sess.run(x))
```

```
12.0
```

现在可以探索如何创建变量并将其初始化。以下是实现代码：

```
import tensorflow as tf
x = tf.constant(12, dtype='float32')
y = tf.Variable(x+11)
model = tf.global_variables_initializer()
with tf.Session() as sess:
    sess.run(model)
    print(sess.run(y))
23.0
```

这里是对上述代码的解释：

1. 导入 `tensorflow` 模块并用 `tf` 来调用它。
2. 创建名为 `x` 的常量并赋予初始值 `12`。
3. 创建变量 `y` 并用方程 $y = x + 11$ 来定义它。
4. 使用 `tf.global_variables_initializer()` 初始化变量。
5. 创建一个会话来计算值。
6. 运行在第 4 步建立的模型。
7. 只运行变量 `y` 并输出其当前值。

下面是供你细读的更多代码：

```
import tensorflow as tf
x = tf.constant([14, 23, 40, 30])
y = tf.Variable(x*2 + 100)
model = tf.global_variables_initializer()
with tf.Session() as sess:
    sess.run(model)
    print(sess.run(y))
[128 146 180 160]
```

1.4 占位符

占位符是一个可以在之后赋给它数据的变量。它是用来接收外部输入的。占位符可以是一维或者多维，用来存储 n 维数组。

```
import tensorflow as tf
x = tf.placeholder("float", None)
y = x*10 + 500
with tf.Session() as sess:
    placeX = sess.run(y, feed_dict={x: [0, 5, 15, 25]})
    print(placeX)
```

```
[500. 550. 650. 750.]
```

以下是对上述代码的解释：

1. 导入 tensorflow 模块并用 tf 来调用它。
2. 创建占位符 x，指定为 float 类型。
3. 创建张量 y，它是 x 乘以 10 并加 500 的操作。注意 x 的初始值并未给定。
4. 创建一个会话用于计算值。
5. 在 feed_dict 中给定 x 的值以运行 y。
6. 输出 y 的值。

在下面这个例子中，创建一个 2×4 的矩阵（一个二维数组）用于存放一些数。然后使用和之前相同的操作来实现逐元素地乘以 10 并加 1 的操作。占位符的第一个维度是 None，这意味着任何行数都可以。

也可以考虑一个二维数组而非一维数组。代码如下：

```
import tensorflow as tf
x = tf.placeholder("float", [None, 4])
y = x*10 + 1
with tf.Session() as sess:
    dataX = [[12, 2, 0, -2],
             [14, 4, 1, 0]]
    placeX = sess.run(y, feed_dict={x: dataX})
    print(placeX)
```

```
[[121.  21.   1. -19.]
 [141.  41.  11.   1.]]
```

这是一个 2×4 的矩阵。因此，如果把 None 替换为 2，也可以得到相同的输出。

```
import tensorflow as tf
x = tf.placeholder("float", [2, 4])
y = x*10 + 1
with tf.Session() as sess:
    dataX = [[12, 2, 0, -2],
             [14, 4, 1, 0]]
    placeX = sess.run(y, feed_dict={x: dataX})
    print(placeX)
```

```
[[121.  21.   1. -19.]
 [141.  41.  11.   1.]]
```

但是如果创建一个形状为 [3,4] 的占位符（注意之后你将输入一个 2×4 的矩阵)，将会报错如下：

```
import tensorflow as tf
x = tf.placeholder("float", [3, 4])
y = x*10 + 1
with tf.Session() as sess:
    dataX = [[12, 2, 0, -2],
             [14, 4, 1, 0]]
    placeX = sess.run(y, feed_dict={x: dataX})
    print(placeX)
```

```
---------------------------------------------------------------------------
ValueError                                Traceback (most recent call last)
<ipython-input-10-c70a14b67e27> in <module>()
      5     dataX = [[12, 2, 0, -2],
      6              [14, 4, 1, 0]]
----> 7     placeX = sess.run(y, feed_dict={x: dataX})
      8     print(placeX)

~\Anaconda3\envs\tensorflow\lib\site-packages\tensorflow\python\client\session.py in run(self, fetches, feed_dict, options, run
_metadata)
    887     try:
    888       result = self._run(None, fetches, feed_dict, options_ptr,
--> 889                          run_metadata_ptr)
    890       if run_metadata:
    891         proto_data = tf_session.TF_GetBuffer(run_metadata_ptr)

~\Anaconda3\envs\tensorflow\lib\site-packages\tensorflow\python\client\session.py in _run(self, handle, fetches, feed_dict, opt
ions, run_metadata)
   1094                 'Cannot feed value of shape %r for Tensor %r, '
   1095                 'which has shape %r'
-> 1096                 % (np_val.shape, subfeed_t.name, str(subfeed_t.get_shape())))
   1097           if not self.graph.is_feedable(subfeed_t):
   1098             raise ValueError('Tensor %s may not be fed.' % subfeed_t)

ValueError: Cannot feed value of shape (2, 4) for Tensor 'Placeholder_5:0', which has shape '(3, 4)'
```

```
################# What happens in a linear model ##########
# Weight and Bias as Variables as they are to be tuned
W = tf.Variable([2], dtype=tf.float32)
b = tf.Variable([3], dtype=tf.float32)
# Training dataset that will be fed while training as Placeholders
x = tf.placeholder(tf.float32)
# Linear Model
y = W * x + b
```

当调用 tf.constant 的时候，常量会被初始化，而且其值将不会再变化。而变量在你调用 tf.Variable 的时候并不会被初始化。想在 TensorFlow 程序里面初始化所有的变量，必须显式地调用如下的特殊操作。

```
sess.run(tf.global_variables_initializer())
```

认识到 init 是 TensorFlow 子图的一个句柄很重要，它用来初始化所有的全局变量。在你调用 sess.run 之前，变量是没有被初始化的。

1.5　创建张量

图片是一个三阶张量，其维度为高、宽以及通道数（红、蓝、绿）。

从下图中你可以看到图片是怎么被转换成张量的：

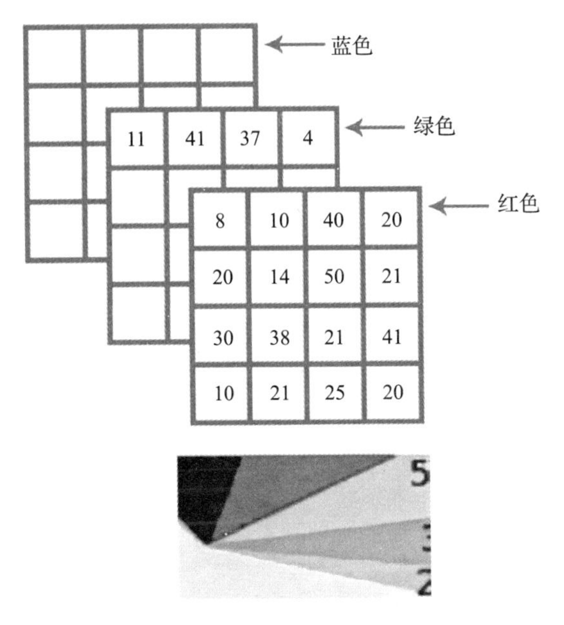


```
image = tf.image.decode_jpeg(tf.read_file("./Desktop/image.jpg"), channels=3)
sess = tf.InteractiveSession()
print(sess.run(tf.shape(image)))

[218 178   3]
```

```
print(sess.run(image[10:15,0:4,1]))

[[47 48 48 47]
 [45 45 45 44]
 [43 43 43 42]
 [41 42 42 41]
 [41 41 41 40]]
```

可以生成各种类型的张量，比如固定张量、随机张量以及序列张量。

1.5.1　固定张量

下面是固定张量：

```
import tensorflow as tf
sess = tf.Session()
A = tf.zeros([2,3])
print(sess.run(A))
```

```
[[0. 0. 0.]
 [0. 0. 0.]]
```

```
B = tf.ones([4,3])
print(sess.run(B))
```

```
[[1. 1. 1.]
 [1. 1. 1.]
 [1. 1. 1.]
 [1. 1. 1.]]
```

```
import tensorflow as tf
sess = tf.Session()
A = tf.zeros([2,3])
print(sess.run(A))
```

```
[[0. 0. 0.]
 [0. 0. 0.]]
```

2 行
3 列

```
B = tf.ones([4,3])
print(sess.run(B))
```

```
[[1. 1. 1.]
 [1. 1. 1.]
 [1. 1. 1.]
 [1. 1. 1.]]
```

4 行
3 列

`tf.fill` 创建一个形状为［2 × 3］的数值唯一的张量。

```
C = tf.fill([2,3], 13)
print(sess.run(C))
```

```
[[13 13 13]
 [13 13 13]]
```

`tf.diag` 创建一个具有特定对角元素的对角矩阵。

```
D = tf.diag([4,-3,2])
print(sess.run(D))
```

```
[[ 4  0  0]
 [ 0 -3  0]
 [ 0  0  2]]
```

`tf.constant` 创建一个常数张量。

```
E = tf.constant([5,2,4,2])
print(sess.run(E))
```

```
[5 2 4 2]
```

1.5.2　序列张量

tf.range 创建一个开始于给定值并具有给定增量的数字序列。

```
G = tf.range(start=6, limit=45, delta=3)
print(sess.run(G))

[ 6  9 12 15 18 21 24 27 30 33 36 39 42]
```

tf.linspace 创建一个等间距值的数字序列。

```
H = tf.linspace(10.0, 92.0, 5)
print(sess.run(H))

[10.  30.5 51.  71.5 92. ]
```

1.5.3　随机张量

tf.random_uniform 在给定范围内从均匀分布生成随机值。

```
R1 = tf.random_uniform([2,3], minval=0, maxval=4)
print(sess.run(R1))

[[0.74450636 1.9570832  3.1126966 ]
 [2.359518   2.101438   2.65689   ]]
```

tf.random_normal 从具有给定均值和标准差的正态分布生成随机值。

```
R2 = tf.random_normal([2,3], mean=5, stddev=4)
print(sess.run(R2))

[[-1.8996243  3.2514744  5.9602127]
 [ 8.307009   4.84437    6.8460846]]
```

```
print(sess.run(tf.diag([3,-2,4])))

[[ 3  0  0]
 [ 0 -2  0]
 [ 0  0  4]]
```

```
R3 = tf.random_shuffle(tf.diag([3,-2,4]))
print(sess.run(R3))

[[ 3  0  0]
 [ 0  0  4]
 [ 0 -2  0]]
```

```
R4 = tf.random_crop(tf.diag([3,-2,4]), [3,2])
print(sess.run(R4))
```

```
[[ 3  0]
 [ 0 -2]
 [ 0  0]]
```

你能猜到结果吗？

```
print(sess.run(tf.zeros([2,4])))
```

```
print(sess.run(tf.diag([3,1,5,-2])))
```

```
print(sess.run(tf.range(start=4, limit=16, delta=2)))
```

如果你还不知道结果，请复习前面讨论张量创建的部分。

结果是这样的：

```
print(sess.run(tf.zeros([2,4])))
```

```
[[0. 0. 0. 0.]
 [0. 0. 0. 0.]]
```

```
print(sess.run(tf.diag([3,1,5,-2])))
```

```
[[ 3  0  0  0]
 [ 0  1  0  0]
 [ 0  0  5  0]
 [ 0  0  0 -2]]
```

```
print(sess.run(tf.range(start=4, limit=16, delta=2)))
```

```
[ 4  6  8 10 12 14]
```

1.6　矩阵操作

一旦你对创建张量感到自如了，就可以尽情使用矩阵（二维张量）来工作了。

```
import tensorflow as tf
import numpy as np
sess = tf.Session()
```

```
A = tf.random_uniform([3,2])
B = tf.fill([2,4], 3.5)
C = tf.random_normal([3,4])

print(sess.run(A))

[[0.31633115 0.71407604]
 [0.18088198 0.36230946]
 [0.34481096 0.6156665 ]]

print(sess.run(B))

[[3.5 3.5 3.5 3.5]
 [3.5 3.5 3.5 3.5]]

print(sess.run(tf.matmul(A,B)))# Multiplication of Matrices

[[0.9453191 0.9453191 0.9453191 0.9453191]
 [4.4488316 4.4488316 4.4488316 4.4488316]
 [3.308284  3.308284  3.308284  3.308284 ]]

print(sess.run(tf.matmul(A,B) + C))# Multiplication & addition

[[4.6027136 4.5958595 6.9527874 4.413632 ]
 [3.3000264 4.4702578 5.0858393 5.168917 ]
 [3.1176403 4.626109  4.1446424 3.7285264]]
```

1.7 激活函数

激活函数的想法来自对人脑中神经元工作机理的分析（见图 1-1）。神经元在某个阈值（也称活化电位）之上会被激活。大多数情况下，激活函数还意在将输出限制在一个小的范围内。

Sigmoid、双曲正切（tanh）、ReLU 和 ELU 是流行的激活函数。

我们来看一下常见的激活函数。

1.7.1 双曲正切函数与 Sigmoid 函数

图 1-2 给出了双曲正切激活函数与 Sigmoid 激活函数。

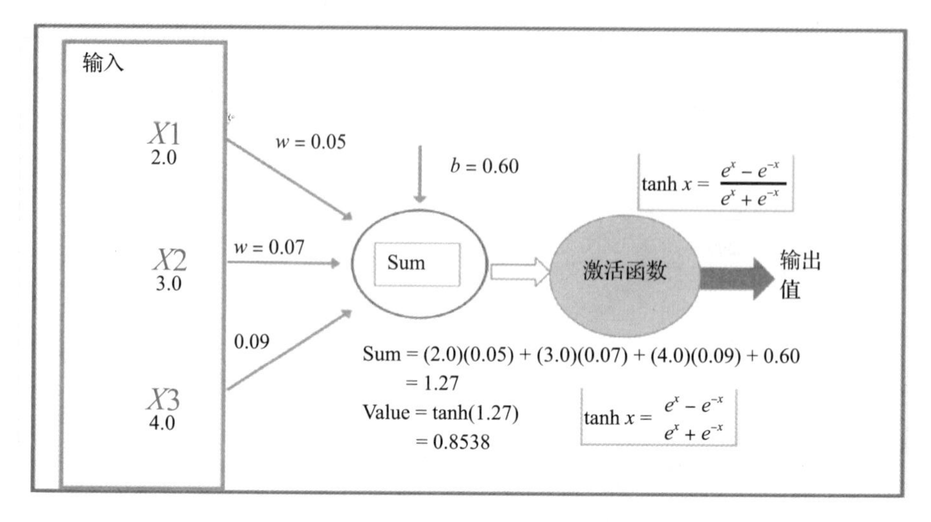

图 1-1　激活函数

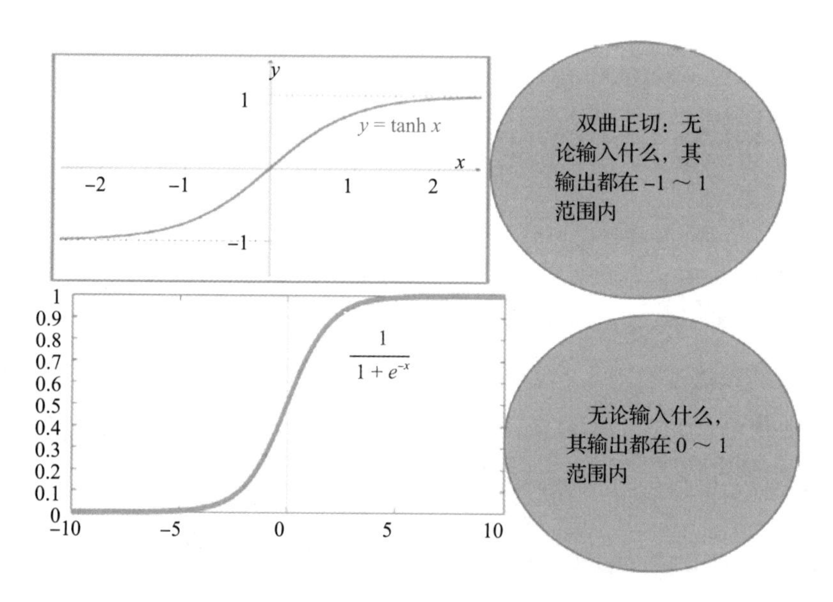

图 1-2　两种流行的激活函数

演示代码如下：

```
E = tf.nn.tanh([10,2,1,0.5,0,-0.5,-1.,-2.,-10.])
print(sess.run(E))

[ 1.          0.9640276   0.7615942   0.46211717  0.          -0.46211717
 -0.7615942  -0.9640276  -1.         ]
```

```
J = tf.nn.sigmoid([10,2,1,0.5,0,-0.5,-1.,-2.,-10.])
print(sess.run(J))
```

```
[9.9995458e-01 8.8079703e-01 7.3105860e-01 6.2245935e-01 5.0000000e-01
 3.7754068e-01 2.6894143e-01 1.1920292e-01 4.5397872e-05]
```

1.7.2　ReLU 与 ELU

图 1-3 给出了 ReLU 与 ELU 函数。

生成这两个函数的代码如下：

```
A = tf.nn.relu([-2,1,-3,13])
print(sess.run(A))
```

```
[ 0  1  0 13]
```

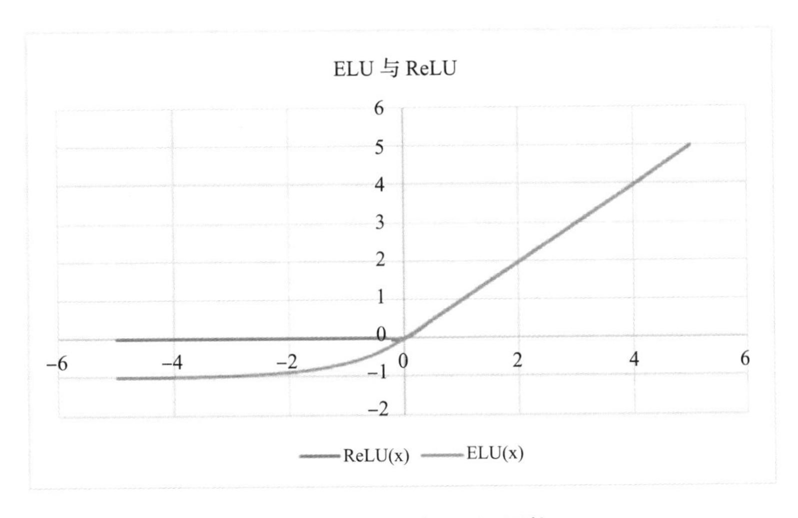

图 1-3　ReLU 与 ELU 函数

1.7.3　ReLU6

除了输出不能超过 6 以外，ReLU6 与 ReLU 类似。

```
B = tf.nn.relu6([-2,1,-3,13])
print(sess.run(B))
```

```
[0 1 0 6]
```

```
C = tf.nn.relu([[-2,1,-3],[10,-16,-5]])
print(sess.run(C))
```

```
[[ 0  1  0]
 [10  0  0]]
```

注意 tanh 是一个尺度缩放的逻辑斯谛 Sigmoid 函数。

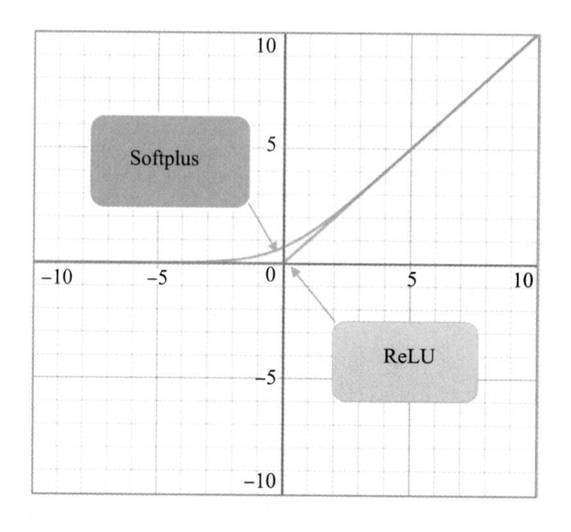


```
K = tf.nn.relu([10,2,1,0.5,0,-0.5,-1.,-2.,-10.])
print(sess.run(K))
```

```
[10.   2.   1.   0.5  0.   0.   0.   0.   0. ]
```

```
M = tf.nn.softplus([10,2,1,0.5,0,-0.5,-1.,-2.,-10.])
print(sess.run(M))
```

```
[1.0000046e+01 2.1269281e+00 1.3132616e+00 9.7407699e-01 6.9314718e-01
 4.7407699e-01 3.1326163e-01 1.2692805e-01 4.5417706e-05]
```

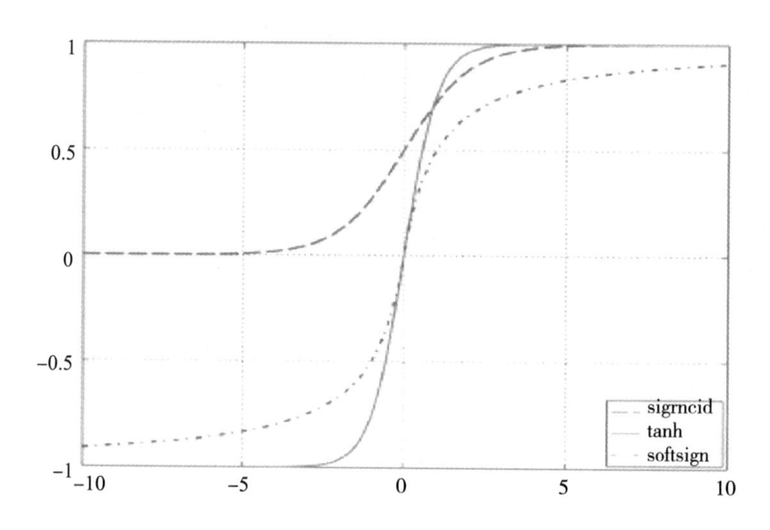

```
H = tf.nn.elu([10,2,1,0.5,0,-0.5,-1.,-2.,-10.])
print(sess.run(H))

[10.          2.          1.          0.5         0.          -0.39346933
 -0.63212055 -0.86466473 -0.9999546 ]


I = tf.nn.relu6([10,2,1,0.5,0,-0.5,-1.,-2.,-10.])
print(sess.run(I))

[6.  2.  1.  0.5 0.  0.  0.  0.  0. ]


G = tf.nn.softsign([10,2,1,0.5,0,-0.5,-1.,-2.,-10.])
print(sess.run(G))

[ 0.90909094  0.6666667   0.5         0.33333334  0.          -0.33333334
 -0.5        -0.6666667  -0.90909094]


F = tf.nn.softplus([10,2,1,0.5,0,-0.5,-1.,-2.,-10.])
print(sess.run(F))

[1.0000046e+01 2.1269281e+00 1.3132616e+00 9.7407699e-01 6.9314718e-01
 4.7407699e-01 3.1326163e-01 1.2692805e-01 4.5417706e-05]
```

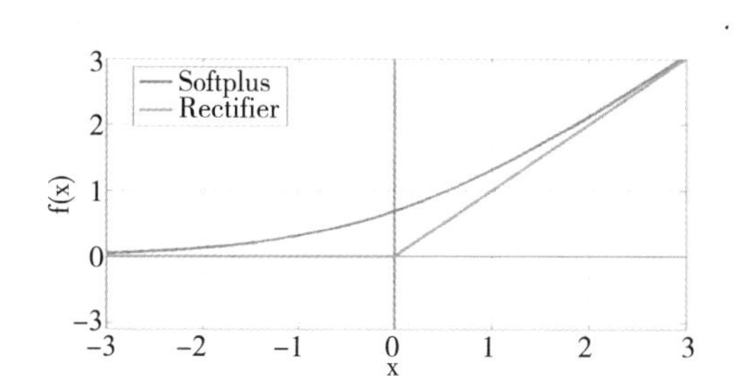

1.8　损失函数

损失函数（代价函数）是用来最小化以得到模型每个参数的最优值的。比如说，为了用预测器（X）来预测目标（y）的值，需要获得权重值（斜率）和偏置量（y 截距）。得到斜率和 y 截距最优值的方法就是最小化代价函数 / 损失函数 / 平方和。对于任何一个模型来说，都有很多参数，而且预测或进行分类的模型结构也是通过参数的数值来表示的。

你需要计算模型，并且为了达到这个目的，需要定义代价函数（损失函数）。最小化损失函数就是为了寻找每个参数的最优值。对于回归 / 数值预测问题来说，L1 或 L2 是很有用的损失函数。对于分类问题来说，交叉熵是很有用的损失函数。Softmax

或者 Sigmoid 交叉熵都是非常流行的损失函数。

1.8.1　损失函数实例

以下是演示代码：

```
import tensorflow as tf
import numpy as np
sess = tf.Session()
```

```
#Assuming prediction model
pred=np.asarray([0.2,0.3,0.5,10.0,12.0,13.0,3.5,7.4,3.9,2.3])
#convert ndarray into tensor
x_val=tf.convert_to_tensor(pred)
#Assuming actual values
actual=np.asarray([0.1,0.4,0.6,9.0,11.0,12.0,3.4,7.1,3.8,2.0])
```

```
#L2 Loss:L1=(pred-actual)^2
l2=tf.square(pred-actual)
l2_out=sess.run(tf.round(l2))
print(l2_out)
```

```
[ 0.  0.  0.  1.  1.  1.  0.  0.  0.  0.]
```

```
#L2 Loss:L1=abs(pred-actual)
l1=tf.abs(pred-actual)
l1_out=sess.run(l1)
print(l1_out)
```

```
[ 0.1  0.1  0.1  1.   1.   1.   0.1  0.3  0.1  0.3]
```

```
#cross entropy loss
softmax_xentropy_variable=tf.nn.sigmoid_cross_entropy_with_logits(logits=l1_out,labels=l2_out)
print(sess.run(softmax_xentropy_variable))
```

```
[ 0.74439666  0.74439666  0.74439666  0.31326169  0.31326169  0.31326169
  0.74439666  0.85435524  0.74439666  0.85435524]
```

1.8.2　常用的损失函数

下面是一些常用的损失函数：

```
tf.contrib.losses.absolute_difference

tf.contrib.losses.add_loss

tf.contrib.losses.hinge_loss

tf.contrib.losses.compute_weighted_loss
```

```
tf.contrib.losses.cosine_distance

tf.contrib.losses.get_losses

tf.contrib.losses.get_regularization_losses

tf.contrib.losses.get_total_loss

tf.contrib.losses.log_loss

tf.contrib.losses.mean_pairwise_squared_error

tf.contrib.losses.mean_squared_error

tf.contrib.losses.sigmoid_cross_entropy

tf.contrib.losses.softmax_cross_entropy

tf.contrib.losses.sparse_softmax_cross_entropy

tf.contrib.losses.log(predictions,labels,weight=2.0)
```

1.9　优化器

现在你已经知道需要使用损失函数来获得模型参数的最优值了。那么，到底怎样求得最优值呢？

开始你假定了模型（线性回归等）中权重和偏置量的初始值。现在你需要找到抵达参数最优值的方法。优化器就是找到参数最优值的方法。在每一次迭代中，参数值朝优化器指明的方向去更新。假如你有 16 个权重值（$w1, w2, w3, ..., w16$）和 4 个偏置量（$b1, b2, b3, b4$）。开始你可以假定每个权重值和偏置量为 0（或者是 1，或者是其他任意的数值）。优化器时刻谨记着最小化的目标，决定 $w1$（以及其他参数）在下一次迭代中应该是增加还是减少。在很多次迭代之后，$w1$（以及其他参数）将会稳定到最优值。

换言之，TensorFlow 或者每一个其他的深度学习框架都会提供优化器来逐步更新每一个参数的值，以最终达到最小化损失函数的目的。优化器的目标就是给定权重值和偏置量在下一次迭代时变化的方向。假定有 64 个权重值和 16 个偏置量，你尝试在每次迭代中改变其值（在反向传播中），在尝试最小化损失函数的很多次迭代之后，应该可以得到正确的权重值和偏置量的值。

为模型选择一个最好的优化器，收敛快并且能学到合适的权重和偏置量的值，是一个需要技巧的事情。

自适应技术（Adadelta、Adagrad 等）对于复杂的神经网络模型来说是很好的优化器，收敛更快。大多数情况下，Adam 可能是最好的优化器。Adam 还优于其他的自适应技术，但是其计算成本很高。对于稀疏数据集来说，一些方法如 SGD、NAG 以及 momentum 不是最好的选择，能自适应调整学习率的方法才是。一个附加的好处就是不需要调整学习率，使用默认的学习率就可以达到最优解。

1.9.1 优化器实例

下面是演示代码：

```
# Importing libraries
import tensorflow as tf
```

```
# Assign the value into variable
x = tf.Variable(3, name='x', dtype=tf.float32)
log_x = tf.log(x)
log_x_squared = tf.square(log_x)
```

```
# Apply GradientDescentOptimizer
optimizer = tf.train.GradientDescentOptimizer(0.7)
train = optimizer.minimize(log_x_squared)
```

```
# Initialize Variables
init = tf.global_variables_initializer()
```

```
# Finally running computation
with tf.Session() as session:
    session.run(init)
    print("starting at", "x:", session.run(x), "log(x)^2:", session.run(log_x_squared))
    for step in range(10):
        session.run(train)
        print("step", step, "x:", session.run(x), "log(x)^2:", session.run(log_x_squared))
```

```
starting at x: 3.0 log(x)^2: 1.20695
step 0 x: 2.48731 log(x)^2: 0.830292
step 1 x: 1.97444 log(x)^2: 0.462786
step 2 x: 1.49207 log(x)^2: 0.160134
step 3 x: 1.1166 log(x)^2: 0.0121637
step 4 x: 0.97832 log(x)^2: 0.00048043
step 5 x: 1.00969 log(x)^2: 9.29177e-05
step 6 x: 0.99632 log(x)^2: 1.35901e-05
step 7 x: 1.0015 log(x)^2: 2.24809e-06
step 8 x: 0.999405 log(x)^2: 3.54772e-07
step 9 x: 1.00024 log(x)^2: 5.70574e-08
```

1.9.2 常用的优化器

tf.train.Optimizer
tf.train.GradientDescentOptimizer
tf.train.AdadeltaOptimizer
tf.train.AdagradOptimizer
tf.train.AdagradDAOptimizer
tf.train.MomentumOptimizer
tf.train.AdamOptimizer
tf.train.FtrlOptimizer
tf.train.ProximalGradientDescentOptimizer
tf.train.ProximalAdagradOptimizer
tf.train.RMSPropOptimizer

1.10 度量

已经学了构建模型的一些方法，现在是时候来评估模型了。也就是，需要评估回归器或者分类器。

有很多的评估指标，其中分类准确率、对数损失以及 ROC 曲线下的面积（AUC）是流行的几个。

分类准确率是正确预测数占所有预测数的比例。当对每一类的观测没有过分误判的时候，准确率可以被认为是一个好的度量指标。

```
tf.contrib.metrics.accuracy(actual_labels, predictions)
```

还有一些其他的度量指标。

1.10.1 度量实例

下面是演示代码。

```
# Importing Libraries
import numpy as np
import tensorflow as tf

# Placeholders declaration
x=tf. placeholder(tf.int32, [5])
y=tf. placeholder(tf.int32, [5])

# Metrices declaration
acc, acc_op=tf.metrics.accuracy(labels=x, predictions=y)

# Session initialization
sess=tf.InteractiveSession()
sess.run(tf.global_variables_initializer())
sess.run(tf.local_variables_initializer())

# Value assign
val= sess.run([acc,acc_op], feed_dict={x: [1,1,0,1,0], y: [0,1,0,0,1]})

# Print Accuracy
val_acc=sess.run(acc)
print(val_acc)
# You can see only 2nd and 3rd positions value are same

0.4
```

在这里，创建了真实值（称之为 x）和预测值（称之为 y）。之后检验准确率。准确率是真实值等于预测值的次数和总的实例数之比。

1.10.2 常用的度量

下面给出常用的度量：

tf.contrib.metrics.streaming_root_mean_squared_error
tf.contrib.metrics.streaming_covariance
tf.contrib.metrics.streaming_pearson_correlation
tf.contrib.metrics.streaming_mean_cosine_distance
tf.contrib.metrics.streaming_percentage_less
tf.contrib.metrics.streaming_sensitivity_at_specificity
tf.contrib.metrics.streaming_sparse_average_precision_at_k
tf.contrib.metrics.streaming_sparse_precision_at_k tf.contrib.metrics.streaming_sparse_precision_at_top_k
tf.contrib.metrics.streaming_specificity_at_sensitivity
tf.contrib.metrics.streaming_concat
tf.contrib.metrics.streaming_false_negatives
tf.contrib.metrics.streaming_false_negatives_at_thresholds

02 CHAPTER

第2章 理解并运用 Keras

Keras 是一个可在 TensorFlow（或者是 Theano 或 CNTK）之上运行的简单易学的高级 Python 深度学习库。它可以让开发者只需将注意力放在深度学习的主要概念上，比如为神经网络创建层，与此同时它兼顾考虑了张量形状和数学细节等重要的部分。TensorFlow（或者是 Theano 或 CNTK）可以说是 Keras 的后端。你可以在没有与相对复杂的 TensorFlow（或 Theano 或 CNKT）做交互的情况下使用 Keras 来做深度学习的应用。现有两种主要的框架：序列 API 和函数式 API。序列 API 的思想源自于大多数深度学习模型是一个由不同的层构成的序列。这是 Keras 最常见的运用和最简单的部分。序列模型可以被认为是层的线性栈。

简言之，你创建一个序列模型，你可以很容易地向其添加层，并且每层都可以有卷积、最大池化、激活、Dropout 以及批量归一化等。让我们来浏览一下在 Keras 中创建深度学习的主要步骤。

2.1 深度学习模型构建的主要步骤

Keras 中深度学习模型的四个核心部分如下：

1. 定义模型。你可以创建一个序列模型并添加层。每一层可以包含一个或者多个卷积、池化、批量归一化以及激活函数。

2. 编译模型。在调用 compile() 函数之前，需要在模型中应用损失函数和优化器。

3. 用训练数据拟合模型。通过调用 fit() 函数，你可以在训练数据上训练模型。

4. 预测。这一步你可以用模型来对新数据生成预测，通过调用像 evaluate() 和 predict() 这样的函数来完成。

Keras 中深度学习过程有八步：

1. 载入数据
2. 预处理数据
3. 定义模型
4. 编译模型
5. 拟合模型
6. 评估模型
7. 预测
8. 保存模型

2.1.1 载入数据

以下是如何载入数据：

```
# Importing modules
import numpy as np
import os
from keras.datasets import cifar10
from keras.models import Sequential
from keras.layers.core import Dense, Dropout, Activation
from keras.optimizers import adam
from keras.utils import np_utils
```

```
#Load Data
np.random.seed(100) # for reproducibility
(X_train, y_train), (X_test, y_test) = cifar10.load_data()

#cifar-10 has images of airplane, automobile, bird, cat,
# deer, dog, frog, horse, ship and truck ( 10 unique labels)
# For each image. width = 32, height =32, Number of channels(RGB) = 3
```

2.1.2　预处理数据

这是怎么预处理数据：

```
#Preprocess the data
#Flatten the data, MLP doesn't use the 2D structure of the data. 3072 = 3*32*32
X_train = X_train.reshape(50000, 3072) # 50,000 images for training
X_test = X_test.reshape(10000, 3072) # 10,000 images for test

# Gaussian Normalization( Z- score)
X_train = (X_train- np.mean(X_train))/np.std(X_train)
X_test = (X_test- np.mean(X_test))/np.std(X_test)


# Convert class vectors to binary class matrices (ie one-hot vectors)
labels = 10 #10 unique labels(0-9)
Y_train = np_utils.to_categorical(y_train, labels)
Y_test = np_utils.to_categorical(y_test, labels)
```

2.1.3　定义模型

在 Keras 中序列模型被定义成层的序列。你可以创建一个序列模型再添加层。你需要确保输入层有正确的输入数。假设你有 3 072 个输入变量，然后你要创建的第一个隐层具有 512 个节点 / 神经元。在第二个隐层，你有 120 个节点 / 神经元。最后，在输出层有 10 个节点。举例来说，一张图片映射到 10 个节点上，这 10 个节点分别对应该图为标签 1（飞机）、标签 2（汽车）、标签 3（猫）...... 标签 10（货车）的概率。具有最大概率的节点就是所预测的类或标签。

```
#Define the model achitecture
model = Sequential()
model.add(Dense(512, input_shape=(3072,))) # 3*32*32 = 3072
model.add(Activation('relu'))
model.add(Dropout(0.4)) # Regularization
model.add(Dense(120))
model.add(Activation('relu'))
model.add(Dropout(0.2))# Regularization
model.add(Dense(labels)) #Last layer with 10 outputs, each output per class
model.add(Activation('sigmoid'))
```

一张图片包含三个通道（RGB），在每个通道中，图片都有 $32 \times 32 = 1\,024$ 个像素。因此，每张图片都有 $3 \times 1\,024 = 3\,072$ 个像素（特征 /*X*/ 输入）。

利用这 3 072 个特征，你需要预测它是标签 1（数字 0）、标签 2（数字 1）等的概率。这意味着模型预测 10 个输出（数字 0 ～ 9），其中每个输出代表对应标签的概率。最后一个激活函数（之前介绍过的 Sigmoid 函数）在输出时给出 9 个 0 值和一个为 1 的输出。这个输出为 1 的节点的标签就是对于该图片的预测分类（图 2-1）。

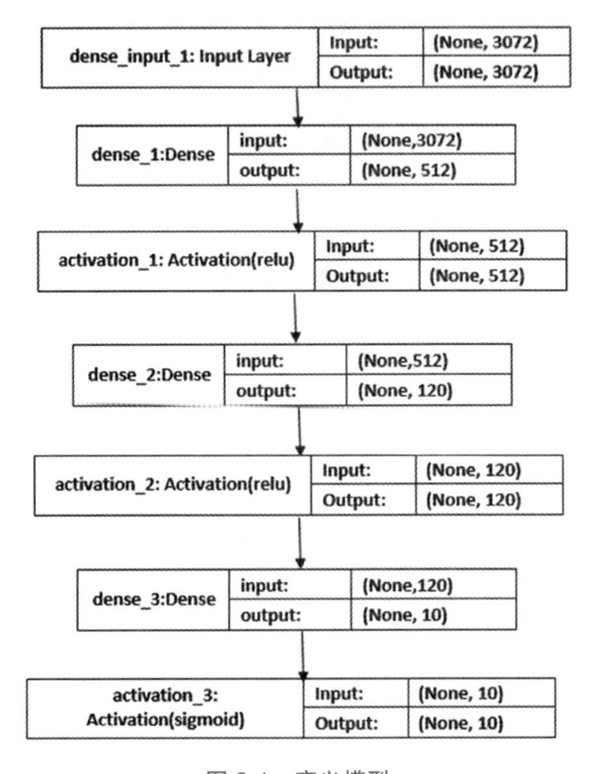

图 2-1　定义模型

其网络结构好比如此：3 072 个特征→ 512 个节点→ 120 个节点→ 10 个节点。

下一个问题就是，你怎么知道要用多少层和用什么类型呢？没有人知道准确的答案。对于评估度量最好的就是你自己决定最适合的层数、参数以及每一层的步骤。也可以用一些试探性的方法。最好的网络结构是通过一系列的试错过程来找到的。一般来讲，你需要一个足够大能够捕捉到你所研究问题的所有结构特征的网络。

在这个例子里面，你将使用一个具有三层的全连接网络结构。用一个名为 Dense 的类来定义全连接层。

这样，你初始化的网络权重值为从一个均匀分布生成的很小的随机数，这里是处于 0 ～ 0.05 之间的数，因为这是 Keras 中默认的均匀权重初始化值。另一个习惯使用的是从高斯分布抽样得到的随机数。你可以用 0.5 的默认阈值设定来进行硬分类。并可以通过逐层添加来将它们都拼接起来。

2.1.4　编译模型

用层结构定义好模型之后，你需要指定损失函数、优化器以及评估度量。当模型搭建完了之后，初始的权重和偏置量应该被设为 0 或 1、随机的正态分布数或者任意其他方便的数。但是初始值并不是模型最好的参数值。这意味着初始的权重和偏置量是不能够用预测器（X）来解释目标 / 标签的。因此你想获得模型的最优参数值。从初始值到最优的参数值需要一个动机因素，那就是最小化代价函数 / 损失函数。这其中需要优化器给定的一个路径（每次迭代时候都会改变）。这个过程中还需要评估的测量，或是评估度量。

```
# Compile the model
# Use adam as an optimizer
adam = adam(0.01)
# the cross entropy between the true label and the output(softmax) of the model
model.compile(loss='categorical_crossentropy', optimizer=adam, metrics=["accuracy"])
```

常见的损失函数有二分类交叉熵、多分类交叉熵、均方对数误差和合页损失函数。常用的优化器有随机梯度下降（SGD）、RMSProp、Adam、Adagrad 和 Adadelta。常见的评估度量有准确率、召回率以及 F1 分数。

简而言之，这一步是想要根据损失函数的迭代优化来调整权重值和偏置量，优化器的迭代中使用比如像准确率这样的度量来评估优化效果。

2.1.5　拟合模型

完成了模型的定义和编译，现在需要将模型在一些数据上执行来完成预测。这里你需要指定轮数（Epoch），它指的是训练过程在整个数据集和批量大小上运行的迭代次数，批量大小就是在权重更新之前评估的实例个数。对于现在这个问题，程序将会运行少数的几轮（10），在每一轮中程序会完成 50 (= 50 000/1 000) 次迭代，其中批量大小为 1 000，训练集包含 50 000 个实例（图像）。没有一个硬性的规定说批量大小应该怎么选。但是它不应该特别小，而且又应该要远比训练集的数量小以占用更少的内存。

```
#Make the model Learn ( Fit the model)
model.fit(X_train, Y_train,batch_size=1000, nb_epoch=10,validation_data=(X_test, Y_test))

Train on 50000 samples, validate on 10000 samples
Epoch 1/10
 1000/50000 [..............................] - ETA: 6s - loss: 2.3028 - acc: 0.1060

C:\ProgramData\Anaconda3\lib\site-packages\keras\models.py:848: UserWarning: The `nb_epoch` argument in `fit` has been renamed `epochs`.
  warnings.warn('The `nb_epoch` argument in `fit` '

50000/50000 [==============================] - 6s - loss: 2.3030 - acc: 0.0974 - val_loss: 2.3027 - val_acc: 0.1000
Epoch 2/10
50000/50000 [==============================] - 7s - loss: 2.3029 - acc: 0.1012 - val_loss: 2.3027 - val_acc: 0.1000
Epoch 3/10
50000/50000 [==============================] - 7s - loss: 2.3028 - acc: 0.0972 - val_loss: 2.3026 - val_acc: 0.1000
Epoch 4/10
50000/50000 [==============================] - 7s - loss: 2.3028 - acc: 0.0997 - val_loss: 2.3027 - val_acc: 0.1000
Epoch 5/10
50000/50000 [==============================] - 7s - loss: 2.3029 - acc: 0.0975 - val_loss: 2.3027 - val_acc: 0.1000
Epoch 6/10
50000/50000 [==============================] - 7s - loss: 2.3029 - acc: 0.0986 - val_loss: 2.3028 - val_acc: 0.1000
Epoch 7/10
50000/50000 [==============================] - 7s - loss: 2.3029 - acc: 0.0995 - val_loss: 2.3028 - val_acc: 0.1000
Epoch 8/10
50000/50000 [==============================] - 7s - loss: 2.3028 - acc: 0.0983 - val_loss: 2.3027 - val_acc: 0.1000
Epoch 9/10
50000/50000 [==============================] - 7s - loss: 2.3029 - acc: 0.0998 - val_loss: 2.3027 - val_acc: 0.1000
Epoch 10/10
50000/50000 [==============================] - 7s - loss: 2.3029 - acc: 0.0972 - val_loss: 2.3027 - val_acc: 0.1000

<keras.callbacks.History at 0x2870136eef0>
```

2.1.6 评估模型

在训练集上训练完神经网络之后，你应该评估下神经网络的表现。应当注意，这只是给你一个模型在当前数据建模情况的一个概念，并不知道算法在新数据上能表现得多好。为了简单点，理论上来说，你可以把数据集分为训练集和测试集分别用于训练和评估模型。你可以传入与训练模型时相同的参数在测试数据集上使用 `evaluation()` 函数评估模型。它将会对每个输入输出对生成预测并收集分数，包括平均损失和任何你考虑的度量，比如准确率。

```
#Evaluate how the model does on the test set
score = model.evaluate(X_test, Y_test, verbose=0)
#Accuracy Sccre
print('Test accuracy:', score[1])
```

2.1.7 预测

一旦你已经建立并评估完了模型，你需要去对未知的数据进行预测。

```
#Predict digit(0-9) for test Data
model.predict_classes(X_test)
```

```
 9888/10000 [============================>.] - ETA: 0s

array([3, 8, 8, ..., 3, 4, 7], dtype=int64)
```

2.1.8　保存与重载模型

这是最后一步：

```
#Saving the model
model.save('model.h5')
jsonModel = model.to_json()
model.save_weights('modelWeight.h5')


#Load weight of the saved model
modelWt = model.load_weights('modelWeight.h5')
```

2.1.9　可选：总结模型

现在我们来看下如何总结模型。

```
#Summary of the model
model.summary()
```

```
_________________________________________________________________
Layer (type)                 Output Shape              Param #
=================================================================
dense_7 (Dense)              (None, 512)               1573376
_________________________________________________________________
activation_7 (Activation)    (None, 512)               0
_________________________________________________________________
dropout_5 (Dropout)          (None, 512)               0
_________________________________________________________________
dense_8 (Dense)              (None, 120)               61560
_________________________________________________________________
activation_8 (Activation)    (None, 120)               0
_________________________________________________________________
dropout_6 (Dropout)          (None, 120)               0
_________________________________________________________________
dense_9 (Dense)              (None, 10)                1210
_________________________________________________________________
activation_9 (Activation)    (None, 10)                0
=================================================================
Total params: 1,636,146
Trainable params: 1,636,146
Non-trainable params: 0
_________________________________________________________________
```

2.2　改进 Keras 模型的附加步骤

以下是改进模型的一些步骤：

1. 有时候，由于梯度消失或者梯度爆炸的原因，模型建立的过程并不完整。如果出现这种情况的话，应该尝试如下操作：

```
from keras.callbacks import EarlyStopping
early_stopping_ monitor = EarlyStopping(patience=2)
model.fit(x_train, y_train, batch_size=1000, epochs=10,
validation_data=(x_test, y_test),
callbacks=[early_stopping_monitor])
```

2. 模型的输出形状。

```
#Shape of the n-dim array (output of the model
at the current position)
  model.output_shape
```

3. 模型的总结报告。

```
model.summary()
```

4. 模型的配置。

```
model.get_config()
```

5. 列出模型中所有的权重值张量。

```
model.get_weights()
```

这里我给出一段关于 Keras 模型的完整代码。你能试着解释它吗？

```
# A TYPING DEEP LEARNING MODEL WITH KERAS
   import numpy as np
   from keras.models import Sequential
   from keras.layers import Dense

# Loading Data

   data = np.random.random((500,100))
   labels = np.random.randint(2,size=(500,1))
```

```
# Create model
        model = Sequential()
        model.add(Dense(12, input_dim=8, activation='relu'))
        model.add(Dense(8, activation='relu'))
        model.add(Dense(1, activation='sigmoid'))

# Compile model

        model.compile(loss='binary_crossentropy', optimizer='adam',
metrics=['accuracy'])

# Fit the model

        model.fit(X[train], Y[train], epochs=150, batch_size=10, verbose=0)

# Evaluate the model

        scores = model.evaluate(X[test], Y[test], verbose=0)
        print("%s: %.2f%%" % (model.metrics_names[1], scores[1]*100))
        cvscores.append(scores[1] * 100) print("%.2f%% (+/- %.2f%%)" %
(numpy.mean(cvscores), numpy.std(cvscores)))

# Predict
        predictions = model.predict(data)
```

2.3　Keras 联合 TensorFlow

Keras 通过利用 TensorFlow/Theano 之上强大且简洁的深度学习库提供了高级的神经网络架构。Keras 对 TensorFlow 来说是一个很棒的加成，因为 Keras 的层和模型与 TensorFlow 原本的张量是兼容的。并且，它可以和其他的 TensorFlow 库一起使用。

这里给出在 TensorFlow 中使用 Keras 的步骤：

1. 首先创建一个 TensorFlow 会话并用 Keras 注册。这意味着 Keras 将使用你所注册的会话来初始化所有其内部创建的变量。

```
import TensorFlow as tf
sess = tf.Session()
from keras import backend as K
K.set_session(sess)
```

2. Keras 中的模块，比如模型、层以及激活单元被用来构建模型。Keras 引擎自动将这些模块转化为 TensorFlow 等同的脚本。

3. 除了 TensorFlow 之外，Theano 和 CNTK 也可以被用作 Keras 的后端。

4. TensorFlow 后端有将输入形状（网络的第一层）写成深度、高度、宽度这种顺序的约定。其中深度是指通道数。

5. 你需要将 keras.json 文件正确配置以使它使用 TensorFlow 后端。它应该配置成类似这样：

```
{
  "backend": "theano",
  "epsilon": 1e-07,
  "image_data_format": "channels_first",
  "floatx": "float32"
}
```

第 3 章将会学习如何利用 Keras 来实现 CNN、RNN、LSTM 以及其他深度学习项目。

03 CHAPTER

第3章

多层感知机

在开始学习多层感知机之前，你需要对人工神经网络有一个概览。这也是本章开始的内容。

3.1 人工神经网络

人工神经网络（ANN）作为一个计算网络（一个具有节点且节点间具有内部连接的系统），深受人脑中复杂的生物神经网络的启发（见图3-1）。ANN中创建的节点意在通过编程使其表现得和真实的神经元一样，因此它们被称作人工神经元。图3-1展示了组成人工神经网络的节点（人工神经元）所构成的网络结构。

层数和每层的神经元或者节点数是人工神经网络的主要结构组成。刚开始时，权重值（代表内部连接）和偏置量不够好，无法完成决策（分类等）。这就像是婴儿的大脑还没有先前的经验。婴儿从经验中学习，因此能够成为一个好的决策者（分类器）。经验或者说是数据（带标记的）帮助大脑的神经网络调节（神经元的）权重值和偏置量。人工神经网络也经历同样的过程。权重值在每个迭代过程中都会被调整以创建一个更好的分类器。因为手动地对数以千计的神经元调节并获得其正确的权重值是非常耗时的，你需要使用一些算法来完成这些工作。

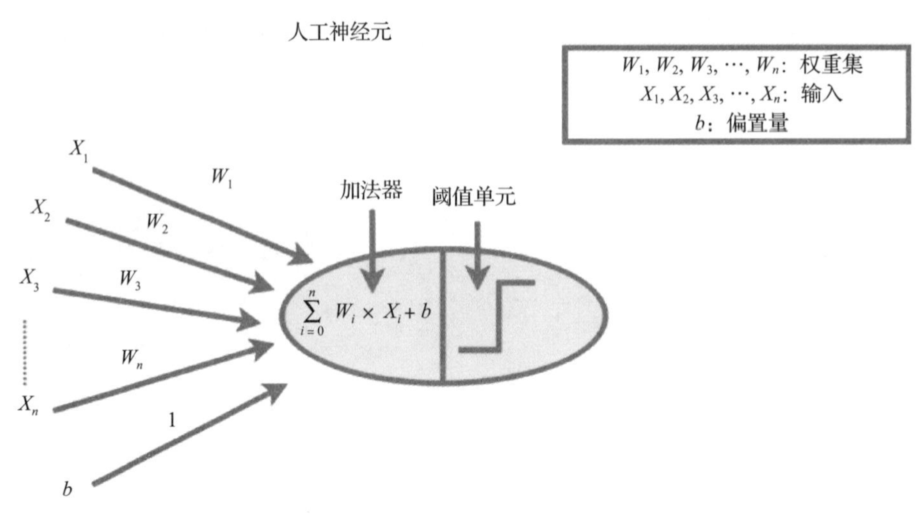

图 3-1　人工神经网络

调整权重值的过程就被称为学习或者训练。这也是人类日常中所做的事情。我们尝试让计算机能表现得像人一样。

让我们开始探索最简单的 ANN 模型吧！

一个典型的神经网络包含了大量的人工神经元（称为单元），排布在一系列不同的层中：输入层、隐层以及输出层（图 3-2）。

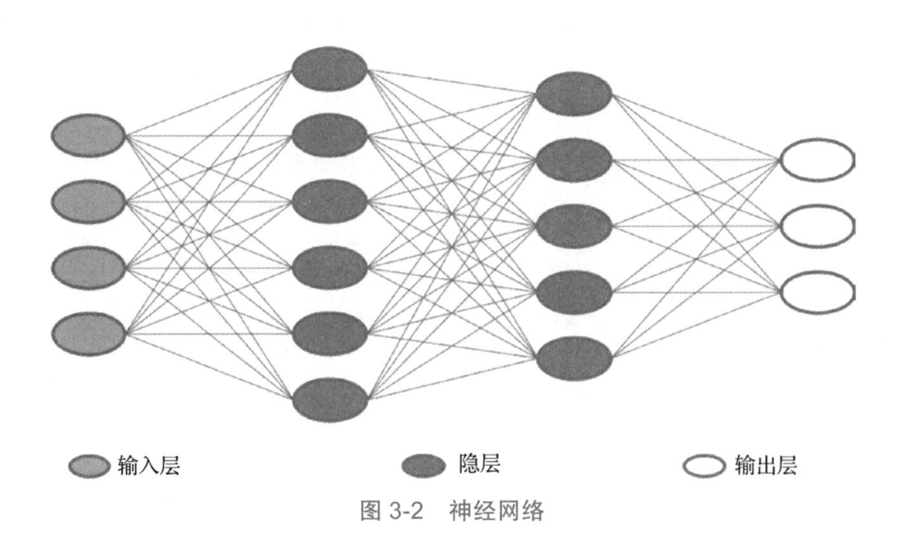

图 3-2　神经网络

神经网络是连接在一起的，这意味着隐层中的神经元和其前的输入层以及其后的输出层中的每个神经元都是全连接的。一个神经网络通过调整其每层中的权重值和偏置量来迭代地学习，从而获得最优的结果。

3.2　单层感知机

单层感知机是一个简单的线性二元分类器。它结合输入及其附带的权重值来给出用来分类的输出。它没有隐层。逻辑斯谛回归就是一个单层感知机。

3.3　多层感知机

多层感知机（MLP）是一个反馈人工神经网络的简单例子。一个 MLP 除输入、输出层之外，还至少有一个带节点的隐层。除了输入层之外，层的每个节点都被称为神经元（它使用非线性激活函数，比如 Sigmoid 或者 ReLU）。MLP 使用叫作反向传播的监督学习技术来训练，同时最小化损失函数，比如交叉熵。它使用优化器来调优参数（权重值和偏置量）。MLP 的多个层以及非线性激活是区分其和线性感知机的关键。

多层感知机是深度神经网络的基本形式。

在学习 MLP 之前，我们先考察线性模型和逻辑斯谛模型。你能够领会到线性、逻辑斯谛以及 MLP 模型在复杂性方面的细微差别。

图 3-3 展示了一个具有一个输入（X）和一个输出（Y）的线性模型。

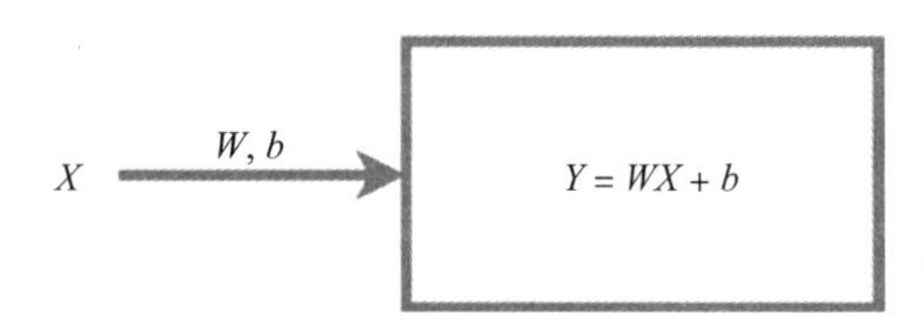

图 3-3　单输入向量

单输入的模型具有一个向量 X 并带有权重值 W 和偏置量 b。输出 Y（也即 $WX+b$）是一个线性模型。

图 3-4 展示了多个输入（$X1$ 和 $X2$）和一个输出（Y）。

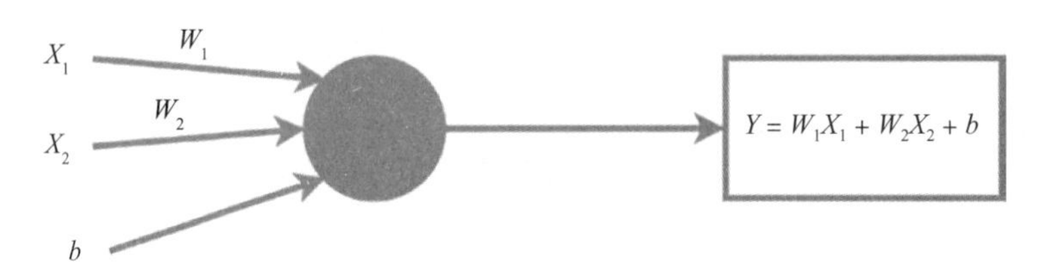

图 3-4　线性模型

线性模型具有 X_1 和 X_2 两个输入特征及其对应权重值 W_1、W_2 和偏置量 b。输出 Y，也即 $W_1X_1+W_2X_2+b$。

3.4　逻辑斯谛回归模型

图 3-5 展示了只有一个输入时输出标签 Y 为 0 或者 1 的二元分类问题的学习算法。给定一个输入特征向量 X，你想要知道对于这个给定输入特征 X 其 $Y=1$ 的概率。在没有隐层，只有输出层时，这也被称为浅神经网络或者单层神经网络。输出层 Y，也就是 $\sigma(Z)$，其中 Z 为 $WX+b$，σ 是一个 Sigmoid 函数。

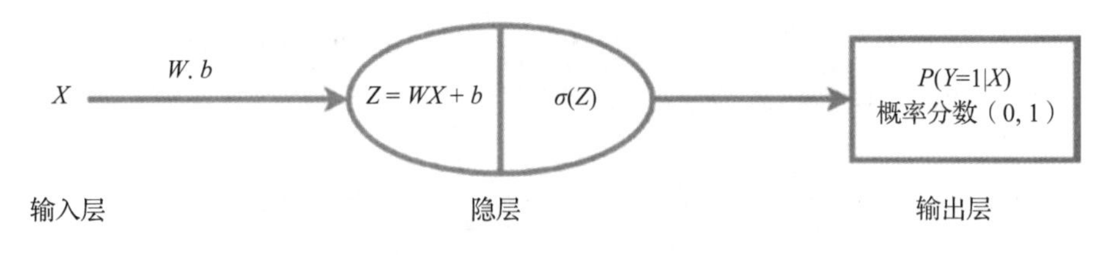

图 3-5　一个输入（X）和一个输出（Y）

图 3-6 展示了有两个输入时输出标签 Y 为 0 或者 1 的二元分类问题的学习算法。

给定输入特征向量 X_1 和 X_2，你想要知道 $Y = 1$ 的概率。这也被称为感知机。输出层 Y，也即 $\sigma(Z)$，其中 Z 为 $WX + b$。

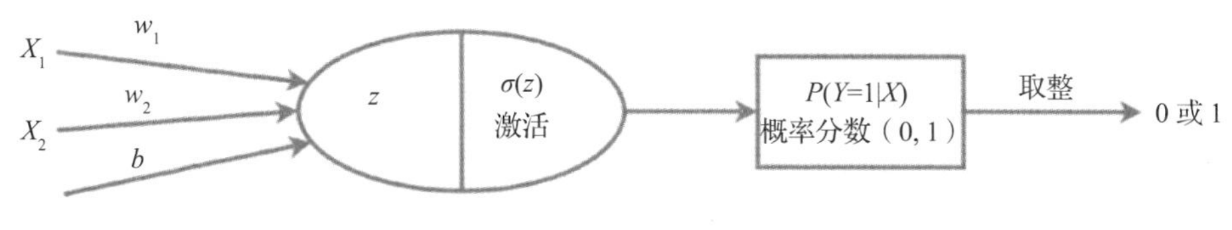

图 3-6　多输入（X_1 和 X_2）和一个输出（Y）

$$\begin{bmatrix} X1 \\ X2 \end{bmatrix} \rightarrow \begin{bmatrix} W1 & W2 \\ W3 & W4 \end{bmatrix} \begin{bmatrix} X1 \\ X2 \end{bmatrix} + \begin{bmatrix} b1 \\ b2 \end{bmatrix} \rightarrow \sigma\left(\begin{bmatrix} W1*X1+W2*X2+b1 \\ W3*X1+W4*X2+b2 \end{bmatrix}\right)$$

图 3-7 给出了一个带有一个隐层和一个输出层的两层神经网络。考虑你有两个输入特征向量 X_1 和 X_2，连接着两个神经元 X_1' 和 X_2'。输入层到隐层的参数权重值为 w_1、w_2、w_3、w_4，偏置量为 b_1、b_2。

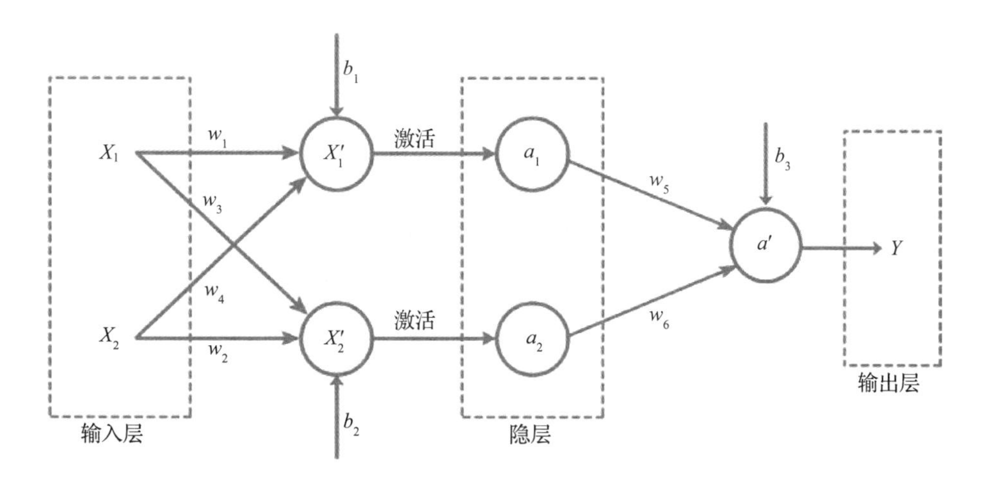

图 3-7　两层神经网络

X_1' 和 X_2' 计算线性组合（图 3-8）。

$$\begin{bmatrix} X1' \\ X2' \end{bmatrix} = \begin{bmatrix} w1 & w2 \\ w3 & w4 \end{bmatrix} \begin{bmatrix} X1 \\ X2 \end{bmatrix} + \begin{bmatrix} b1 \\ b2 \end{bmatrix}$$

$(2\times1)(2\times2)(2\times1)(2\times1)$ 是输入层和隐层的维度。

线性输入 X_1' 和 X_2' 通过激活单元传递到隐层中的 a_1 和 a_2。

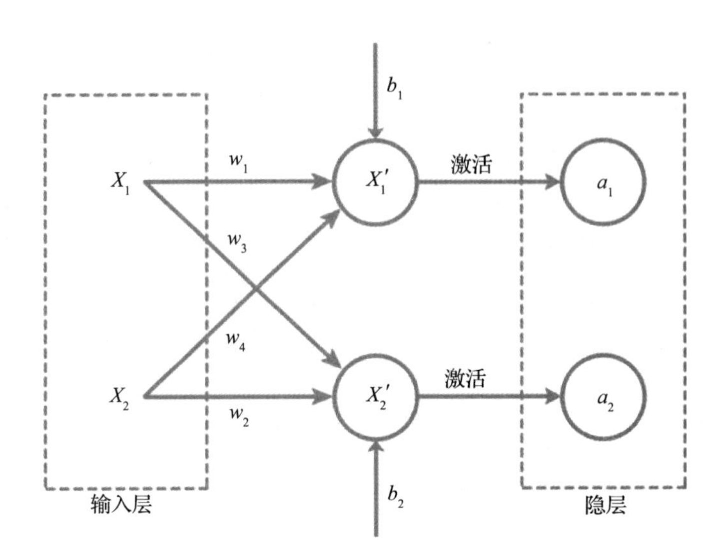

图 3-8　神经网络中的计算

a_1 为 $\sigma(X_1')$，a_2 为 $\sigma(X_2')$，因此也可以将方程写成如下形式：

$$\begin{bmatrix} a_1 \\ a_2 \end{bmatrix} = \sigma \begin{bmatrix} X_1' \\ X_2' \end{bmatrix}$$

隐层的值前向传播到输出层。输入 a_1 和 a_2 以及参数 w_5、w_6 和 b_3 一起传递到输出层 a'（图 3-9）。

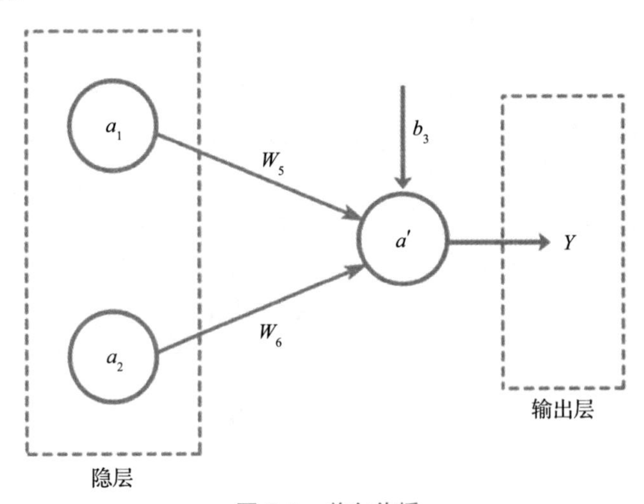

图 3-9　前向传播

$a'=[w_5 \ \ w_6]\begin{bmatrix}a_1\\a_2\end{bmatrix}+[b_3]$ 给出了 $(w_5a_1+w_6a_2)+b_3$ 的线性组合，它将通过一个非线性 Sigmoid 函数传递到最终输出层 Y。

$$y=\sigma(a')$$

我们假设初始的一维模型结构是 $Y=wX+b$，其中参数 w 和 b 为权重值和偏置量。

考虑损失函数，对于初始值 $w=1$，$b=1$ 有 $L(w, b)=0.9$。你会得到输出 $y=1X+1\&L(w, b)=0.9$。

目标是通过调整参数 w 和 b 来最小化损失函数。误差将会从输出层反向传播到隐层，再到输入层，通过调整学习率和优化器来调整参数值。最终，我们要构建模型（回归器），即可以用 X 来解释 Y。

为了开始构建模型，我们初始化权重值和偏置量。为了方便，取 $w=1, b=1$（初始值），（优化器）随机梯度下降且取其学习率为 $\alpha=0.01$。

第一步：$Y=1X+1$。

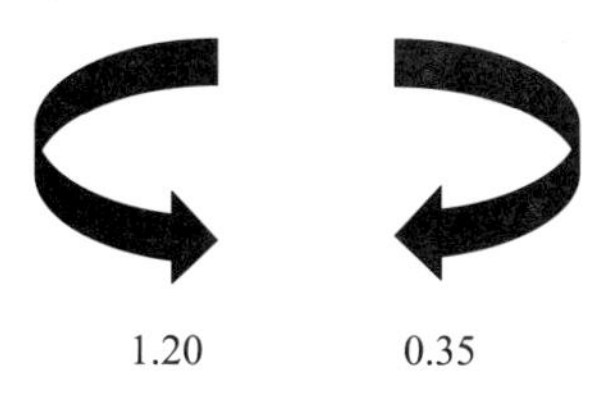

1.20 0.35

参数被调整为 $w=1.20$ 和 $b=0.35$。

第二步：$Y_1=1.20X+0.35$。

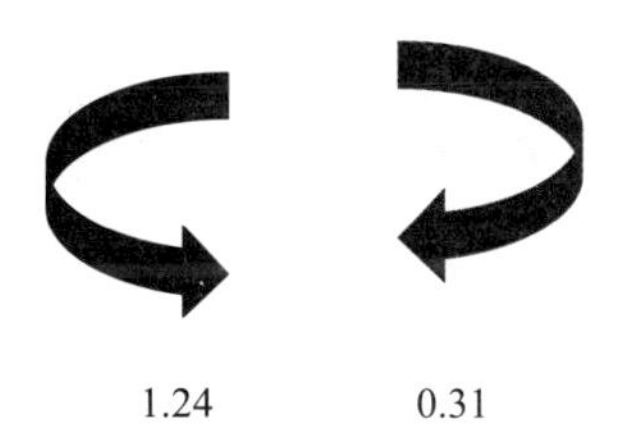

1.24 0.31

参数被调整为 $w = 1.24$ 和 $b = 0.31$。

第三步：$Y_1 = 1.24X + 0.31$。

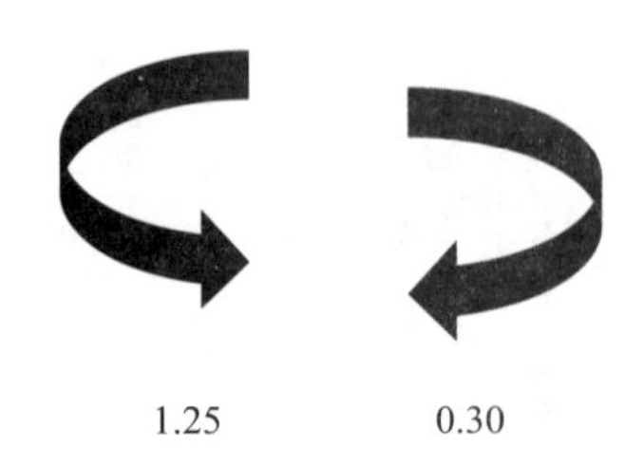

在一定迭代次数之后，权重值和偏置量趋于稳定。正如你所看到的，起初参数在调节中变化比较多，在一定迭代之后，变化就不是很明显了。

$L(w, b)$ 在 $w = 1.26$ 和 $b = 0.29$ 时被最小化。因此最终模型如下：

$$Y = 1.26X + 0.29$$

类似地，二维情况下，你可以考虑参数、权重矩阵和偏置向量。

我们假定初始权重矩阵和偏置向量为 $W=\begin{bmatrix}1 & 1\\1 & 1\end{bmatrix}$和 $B=\begin{bmatrix}1\\1\end{bmatrix}$。

迭代并将误差进行反向传播来调整 w 和 b。

$Y = \begin{bmatrix}1 & 1\\1 & 1\end{bmatrix} \times [X] + \begin{bmatrix}1\\1\end{bmatrix}$是初始模型。权重矩阵（$2 \times 2$）和偏置矩阵（$2 \times 1$）在每次迭代中被调整。因此，我们可以看到权重和偏置矩阵的变化。

第一步：

$$W=\begin{bmatrix}0.7 & 0.8\\0.6 & 1.2\end{bmatrix}，B=\begin{bmatrix}2.4\\3.2\end{bmatrix}$$

第二步：

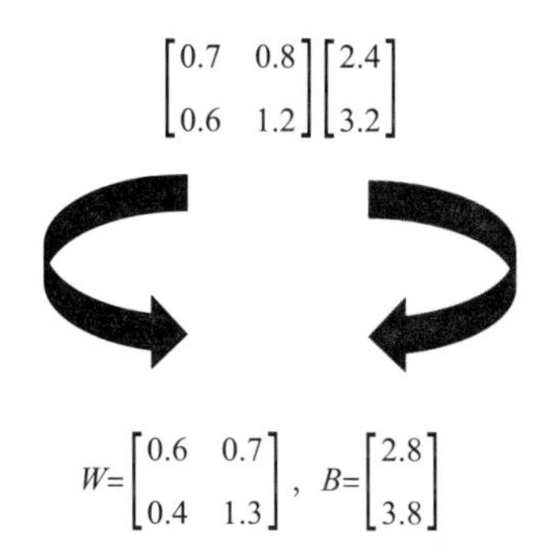

第三步：

$$\begin{bmatrix}0.6 & 0.7\\0.4 & 1.3\end{bmatrix}\begin{bmatrix}2.8\\3.8\end{bmatrix}$$

注意权重矩阵（2×2）和偏置矩阵（2×1）在每次迭代中的改变。

$$W=\begin{bmatrix}0.5 & 0.6\\0.3 & 1.3\end{bmatrix},\quad B=\begin{bmatrix}2.9\\4.0\end{bmatrix}$$

w 和 b 调整后的最终模型为：

$$Y=\begin{bmatrix}0.4 & 0.5\\0.2 & 1.3\end{bmatrix}*[X]+\begin{bmatrix}3.0\\4.0\end{bmatrix}$$

在本章中，你学会了权重值和偏置量在同时保证最小化损失函数的目标下的每次迭代中是如何调节的。这是在优化器（比如随机梯度下降）的帮助下完成的。

在本章中，我们已经理解了 ANN 和 MLP 这样一些基本的深度学习模型。这里我们可以看到 MLP 是线性回归和逻辑斯谛回归的一个自然发展。我们已经看到反向传播过程中的每次迭代里权重值和偏置量是如何调节的。没有深究反向传播的细节，我们已经看到了反向传播的结果。在第 4 章和第 5 章里，我们会学习如何在 TensorFlow 和 Keras 中搭建 MLP 模型。

第4章 TensorFlow中的回归到MLP

人们使用回归和分类器已经有很长一段时间了。现在是时候换到神经网络的话题了。多层感知机（MLP）是一个简单的神经网络模型，在这种模型中，你可以在输入和输出层中间添加一个或多个隐层。

本章介绍如何使用 TensorFlow 建立模型。你会从最基础的线性模型开始。逻辑斯谛和 MLP 模型在本章中也会有讨论。

4.1 TensorFlow 搭建模型的步骤

在 TensorFlow 中搭建模型遵循以下步骤。

1. 载入数据。
2. 将数据分割为训练集和测试集。
3. 必要的话，归一化数据。
4. 初始化包含预测器和目标的占位符。
5. 生成可调节的变量（权重值和偏置量）。
6. 声明模型操作。
7. 声明损失函数和优化器。

8. 初始化变量与会话。
9. 使用训练循环拟合模型。
10. 用测试数据验证并显示结果。

4.2 TensorFlow 中的线性回归

首先你需要理解 TensorFlow 中线性回归的代码。图 4-1 展示了一个基本的线性模型。

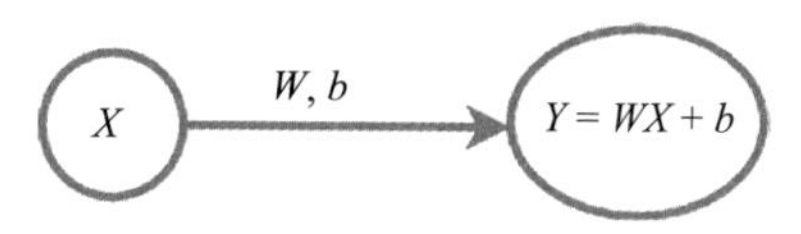

图 4-1 基本的线性模型

如图 4-1 所示，可以调节权重值（W）和偏置量（b）以得到正确的权重和偏置。因此，权重值和偏置量是 TensorFlow 代码中的变量，需要在每次迭代中调节或修正这些变量，直到得到稳定的（正确的）结果。

需要给 X 创建占位符。占位符具有特定的形状并且包含特定的类型。

当有多个特征的时候，模型会类似于图 4-2。

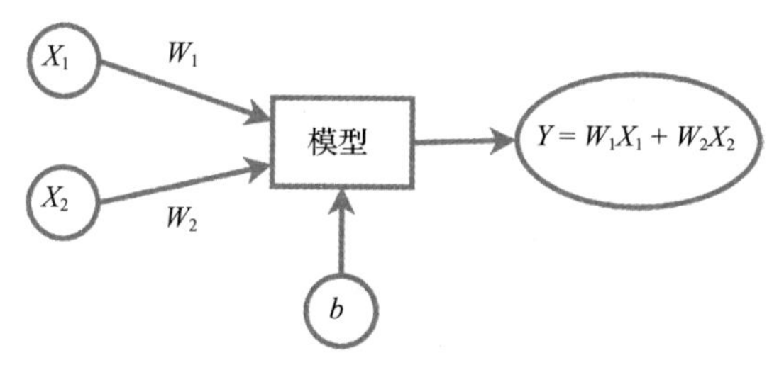

图 4-2 多输入线性模型

在下面的代码中，你会用到来自 Seaborn 的 Iris 数据集，它有 5 个属性。用花萼长度作为输入，花瓣长度作为输出值。这个回归模型的主要目的是在给定花萼长度值时预测花瓣长度。X 是花萼长度，Y 是花瓣长度。

如下是一个在 Iris 数据上使用 TensorFlow 的线性回归。

```
###########Linear Regression: TensorFlow Way ###################
import matplotlib.pyplot as plt
import tensorflow as tf
from sklearn import datasets
    import numpy as np
    from sklearn.cross_validation import train_test_split
from matplotlib import pyplot
```

```
# 1. Load the data
# iris.data = [(Sepal Length, Sepal Width, Petal Length, Petal Width)]
iris = datasets.load_iris()
# X is Sepal.Length and Y is Petal Length
predictors_vals = np.array([predictors[0] for predictors in iris.data])
"target_vals = np.array([predictors[2] for predictors in iris.data])

# 2.Split Data into train and test 80%-20%
x_trn, x_tst, y_trn, y_tst = train_test_split(predictors_vals, target_vals,
test_size=0.2, random_state=12)
#training_idx = np.random.randint(x_vals.shape[0], size=80)
#training, test = x_vals[training_idx,:], x_vals[-training_idx,:]

# 3. Normalize if needed
# 4. Initialize placeholders that will contain predictors and target
predictor = tf.placeholder(shape=[None, 1], dtype=tf.float32)
target = tf.placeholder(shape=[None, 1], dtype=tf.float32)

#5. Create variables (Weight and Bias) that will be tuned up
A = tf.Variable(tf.zeros(shape=[1,1]))
b = tf.Variable(tf.ones(shape=[1,1]))

# 6. Declare model operations: Ax+b
model_output = tf.add(tf.matmul(predictor, A), b)

#7. Declare loss function and optimizer
#Declare loss function (L1 loss)
loss = tf.reduce_mean(tf.abs(target - model_output))
# Declare optimizer
my_opt = tf.train.GradientDescentOptimizer(0.01)
#my_opt = tftrain.AdamOptimizer(0.01)
train_step = my_opt.minimize(loss)

#8. Initialize variables and session
sess = tf.Session()
init = tf.global_variables_initializer()
sess.run(init)

#9. Fit Model by using Training Loops
# Training loop
lossArray = []
batch_size = 40
for i in range(200):
    rand_rows = np.random.randint(0, len(x_trn)-1, size=batch_size)
    batchX = np.transpose([x_trn[rand_rows]])
    batchY = np.transpose([y_trn[rand_rows]])
    sess.run(train_step, feed_dict={predictor: batchX, target: batchY})
    batchLoss = sess.run(loss, feed_dict={predictor: batchX, target: batchY})

    lossArray.append(batchLoss)
    if (i+1)%50==0:
        print('Step Number' + str(i+1) + ' A = ' + str(sess.run(A)) + ' b =
        ' + str(sess.run(b)))
            print('L1 Loss = ' + str(batchLoss))

[slope] = sess.run(A)
[y_intercept] = sess.run(b)
```

```
# 10. Check  and Display the result on test data
lossArray = []
batch_size = 30
for i in range(100):
    rand_rows = np.random.randint(0, len(x_tst)-1, size=batch_size)
    batchX = np.transpose([x_tst[rand_rows]])
    batchY = np.transpose([y_tst[rand_rows]])
    sess.run(train_step, feed_dict={predictor: batchX, target: batchY})
    batchLoss = sess.run(loss, feed_dict={predictor: batchX, target: batchY})
    lossArray.append(batchLoss)
    if (i+1)%20==0:
        print('Step Number: ' + str(i+1) + ' A = ' + str(sess.run(A)) +
        ' b = ' + str(sess.run(b)))
        print('L1 Loss = ' + str(batchLoss))
# Get the optimal coefficients
[slope] = sess.run(A)
[y_intercept] = sess.run(b)

# Original Data and Plot
plt.plot(x_tst, y_tst, 'o', label='Actual Data')
test_fit = []
for i in x_tst:
    test_fit.append(slope*i+y_intercept)
# predicted values and Plot
plt.plot(x_tst, test_fit, 'r-', label='Predicted line', linewidth=3)
plt.legend(loc='lower right')
plt.title('Petal Length vs Sepal Length')
plt.ylabel('Petal Length')
plt.xlabel('Sepal Length')
plt.show()

# Plot loss over time
plt.plot(lossArray, 'r-')
plt.title('L1 Loss per loop')
plt.xlabel('Loop')
plt.ylabel('L1 Loss')
plt.show()
```

运行此代码，将会看到如图 4-3 这样的输出。

```
Step Number50 A = [[ 0.57060003]] b = [[ 1.05275011]]
L1 Loss = 0.965698
Step Number100 A = [[ 0.56647497]] b = [[ 1.00924981]]
L1 Loss = 1.124
Step Number150 A = [[ 0.56645012]] b = [[ 0.96424991]]
L1 Loss = 1.18043
Step Number200 A = [[ 0.58122498]] b = [[ 0.92174983]]
L1 Loss = 1.20376
Step Number: 20 A = [[ 0.58945829]] b = [[ 0.90308326]]
L1 Loss = 1.18207
Step Number: 40 A = [[ 0.62599164]] b = [[ 0.88975]]
L1 Loss = 0.826957
Step Number: 60 A = [[ 0.63695836]] b = [[ 0.87108338]]
L1 Loss = 0.838114
Step Number: 80 A = [[ 0.60072505]] b = [[ 0.8450833]]
L1 Loss = 1.52654
Step Number: 100 A = [[ 0.6150251]] b = [[ 0.8290832]]
L1 Loss = 1.25477
```

图 4-3　每步的权重值、偏置量以及损失函数

图 4-4 展示了花瓣长度的预测值。

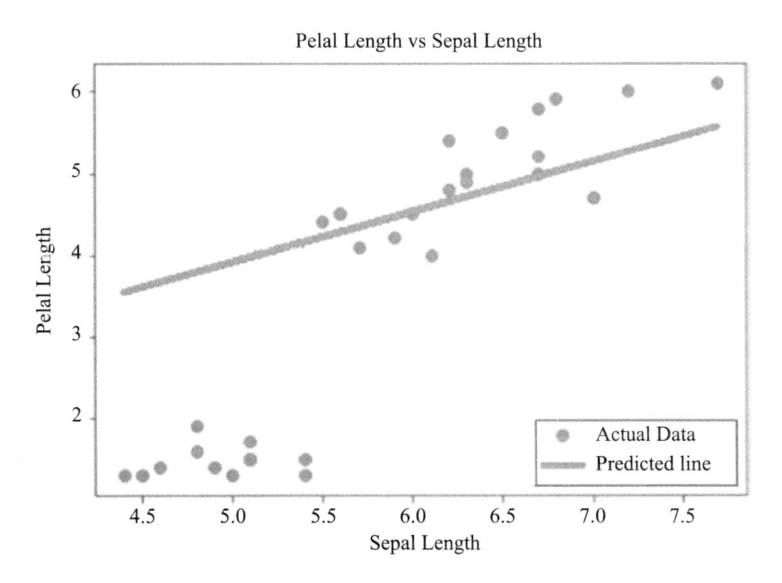

图 4-4　花萼长度与花瓣长度的关系

4.3　逻辑斯谛回归模型

对于分类，最简单的方法就是逻辑斯谛回归。本节介绍如何在 Tensor-Flow 中进行逻辑斯谛回归。创建权重值和偏置量作为变量，以便每次迭代都考察调整这些变量。创建包含 X 的占位符，它具有特定的形状并且包含特定的类型，如图 4-5 所示。

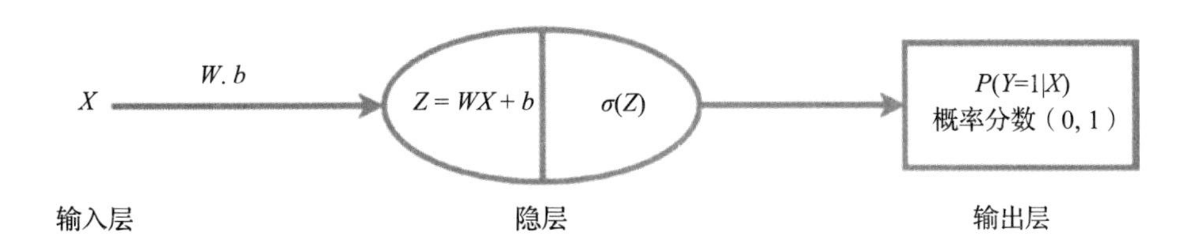

图 4-5　逻辑斯谛回归模型图示

在接下来的代码中，你会用到 Iris 数据集，它有 5 个属性。第 5 个属性是目标类别。考虑以花萼长度和花萼宽度作为预测器的属性，并将花的种类作为目标值。这个逻辑斯谛回归模型的主要目的是预测给定花萼长度和宽度值的情况下花的种类。

创建一个 Python 文件并导入所有需要的库。

```
######Logistic Regression in TensorFlow#############
import numpy as np
import tensorflow as tf
from sklearn import datasets
import pandas as pd
from sklearn.cross_validation import train_test_split
from matplotlib import pyplot
# 1. Loading Data
iris = datasets.load_iris()
# Predictors Two columns : Sepal Length and Sepal Width
predictors_vals = np.array([predictor[0:2] for predictor in iris.data])
# For setosa Species, target is 0.
target_vals = np.array([1. if predictor==0 else 0. for predictor in iris.target])

# 2. Split data into train/test = 75%/25%
predictors_vals_train, predictors_vals_test, target_vals_train,
target_vals_test = train_test_split(predictors_vals, target_vals,
                                               train_size=0.75,
                                               random_state=0)

# 3. Normalize if needed
# 4.Initialize placeholders that will contain predictors and target
x_data = tf.placeholder(shape=[None, 2], dtype=tf.float32)
y_target = tf.placeholder(shape=[None, 1], dtype=tf.float32)

#5. Create variables (Weight and Bias) that will be tuned up
W = tf.Variable(tf.ones(shape=[2,1]))
b = tf.Variable(tf.ones(shape=[1,1]))

# 6. Declare model operations : y = xW +b
model = tf.add(tf.matmul(x_data, W), b)

#7. Declare loss function and Optimizer
loss = tf.reduce_mean(tf.nn.sigmoid_cross_entropy_with_
logits(logits=model, labels=y_target))
my_opt = tf.train.AdamOptimizer(0.02) #learning rate =0.02
train_step = my_opt.minimize(loss)

#8. Initialize variables and session
init = tf.global_variables_initializer()
sess=tf.Session()
sess.run(init)

#9. Actual Prediction:
prediction = tf.round(tf.sigmoid(model))
predictions_correct = tf.cast(tf.equal(prediction, y_target), tf.float32)
accuracy = tf.reduce_mean(predictions_correct)

#10. Training loop
lossArray = []
trainAccuracy = []
```

```
testAccuracy = []
for i in range(1000):
    #Random instances for Batch size
    batch_size = 4 #Declare batch size
    batchIndex = np.random.choice(len(predictors_vals_train), size=batch_size)
    batchX = predictors_vals_train[batchIndex]
    batchY = np.transpose([target_vals_train[batchIndex]])
    # Tuning weight and bias while minimizing loss function through optimizer
    sess.run(train_step, feed_dict={x_data: batchX, y_target: batchY})
    #loss function per epoch/generation
    batchLoss = sess.run(loss, feed_dict={x_data: batchX, y_target: batchY})
    lossArray.append(batchLoss) # adding it to loss_vec
    # accuracy for each epoch for train
    batchAccuracyTrain = sess.run(accuracy, feed_dict={x_data: predictors_
    vals_train, y_target: np.transpose([target_vals_train])})
    trainAccuracy.append(batchAccuracyTrain) # adding it to train_acc
    # accuracy for each epoch for test
    batchAccuracyTest = sess.run(accuracy, feed_dict={x_data: predictors_
    vals_test, y_target: np.transpose([target_vals_test])})
    testAccuracy.append(batchAccuracyTest)
    # printing loss after 10 epochs/generations to avoid verbosity
    if (i+1)%50==0:
        print('Loss = ' + str(batchLoss)+ ' and Accuracy = ' + str(batchAccuracyTrain))

# 11. Check model performance
pyplot.plot(lossArray, 'r-' )
pyplot.title('Logistic Regression: Cross Entropy Loss per Epoch')
pyplot.xlabel('Epoch')
pyplot.ylabel('Cross Entropy Loss')
pyplot.show()
```

运行前面的代码，每轮计算的交叉熵损失如图 4-6 所示。

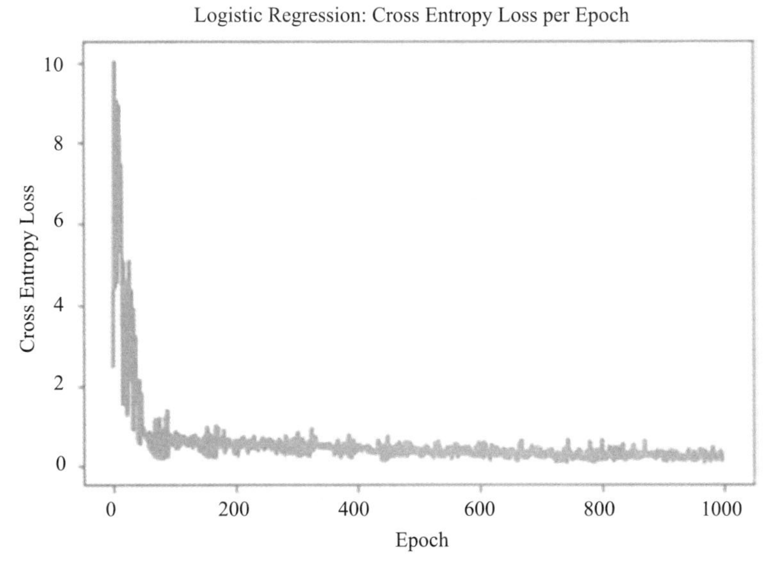

图 4-6　每轮计算的交叉熵损失图表

4.4 TensorFlow 中的多层感知机

多层感知机（MLP）是反馈人工神经网络的一个简单例子。一个 MLP 除输入、输出层之外，还至少包含一个隐层。除了输入层之外的层节点被称为神经元，它使用非线性激活函数比如 Sigmoid 或者 ReLU。MLP 使用叫作反向传播的监督学习技术来训练，最小化如交叉熵这样的损失函数，并使用一个优化器来调节参数（权重值和偏置量）。其多个层和非线性激活是明显不同于线性感知机的地方。

TensorFlow 非常适合用于构建 MLP 模型。在一个 MLP 中，需要在每次迭代中调节权重值和偏置量。这意味着权重值和偏置量一直在改变，直至它们趋于稳定，同时最小化损失函数。因此你可以在 TensorFlow 中将权重值和偏置量创建为变量。建议赋予它们初始值（全是 0 或者全是 1，或者是某些随机正态分布值）。占位符应该具有特定的类型和给定的形状，如图 4-7 所示。

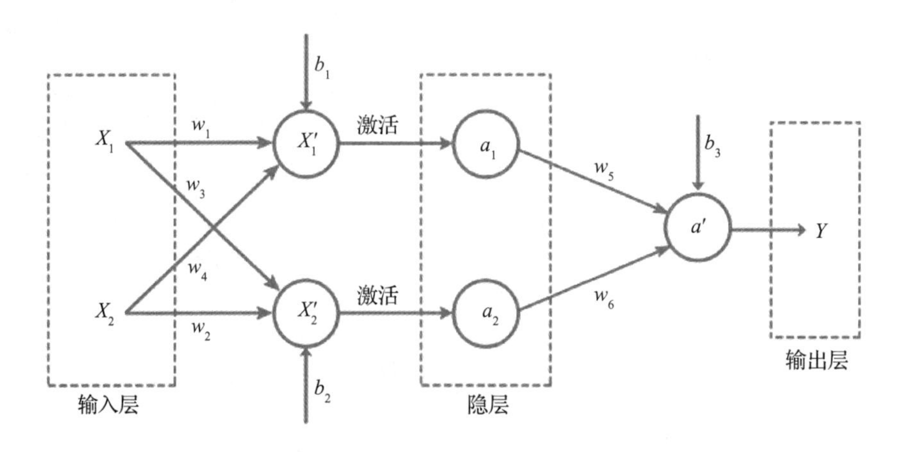

图 4-7　MLP 流程图

导入所有需要的库。在 TensorFlow 中实现 MLP。

```
# Implementing a One-hidden Layer Neural Network (MLP)
import matplotlib.pyplot as plt
import numpy as np
import tensorflow as tf
from sklearn import datasets
from sklearn.cross_validation import train_test_split
from matplotlib import pyplot
```

```
#1. Load Data
iris = datasets.load_iris()
# Predictors:  Sepal Width, Petal Length, Petal Width
predictors_vals = np.array([predictor[1:4] for predictor in iris.data])
#Target : Sepal Length
target_vals = np.array([predictor[0] for predictor in iris.data])

#2. Split data into train/test = 80%/20%
predictors_vals_train, predictors_vals_test, target_vals_train, target_
vals_test= train_test_split(predictors_vals, target_vals, test_size=0.2,
random_state=12)
# 3. Normalize if needed

# 4.Initialize placeholders that will contain predictors and target
x_data = tf.placeholder(shape=[None, 3], dtype=tf.float32)
y_target = tf.placeholder(shape=[None, 1], dtype=tf.float32)

# 5. Create variables (Weight and Bias) that will be tuned up
hidden_layer_nodes = 10
# For first layer
A1 = tf.Variable(tf.ones(shape=[3,hidden_layer_nodes])) # inputs -> hidden nodes
b1 = tf.Variable(tf.ones(shape=[hidden_layer_nodes]))
# one biases for each hidden node
# For second layer
A2 = tf.Variable(tf.ones(shape=[hidden_layer_nodes,1])) # hidden inputs -> 1 output
b2 = tf.Variable(tf.ones(shape=[1]))    # 1 bias for the output

# 6. Define Model Structure
hidden_output = tf.nn.relu(tf.add(tf.matmul(x_data, A1), b1))
final_output = tf.nn.relu(tf.add(tf.matmul(hidden_output, A2), b2))

# 7. Declare loss function (MSE) and optimizer
loss = tf.reduce_mean(tf.square(y_target - final_output))
my_opt = tf.train.AdamOptimizer(0.02) # learning rate = 0.02
train_step = my_opt.minimize(loss)

# 8.Initialize variables and session
init = tf.global_variables_initializer()
# Create graph session
sess = tf.Session()
sess.run(init)

# 9. Training loop
lossArray = []
test_loss = []
batch_size =20
for i in range(500):
    batchIndex = np.random.choice(len(predictors_vals_train), size=batch_size)
    batchX = predictors_vals_train[batchIndex]
    batchY = np.transpose([target_vals_train[batchIndex]])
    sess.run(train_step, feed_dict={x_data: batchX, y_target: batchY})
```

```
    #
    batchLoss = sess.run(loss, feed_dict={x_data: batchX, y_target: batchY})
    lossArray.append(np.sqrt(batchLoss))

    test_temp_loss = sess.run(loss, feed_dict={x_data: predictors_vals_
    test, y_target: np.transpose([target_vals_test])})
    test_loss.append(np.sqrt(test_temp_loss))
    if (i+1)%50==0:
        print('Loss = ' + str(batchLoss))

# 10. Check model performance
# Plot loss(mean squared error) over time
pyplot.plot(lossArray, 'o-', label='Train Loss')
pyplot.plot(test_loss, 'r--', label='Test Loss')
pyplot.title('Loss per Generation')
pyplot.legend(loc='lower left')
pyplot.xlabel('Generation')
pyplot.ylabel('Loss')
pyplot.show()
```

运行这些代码，会得到如图 4-8 所示的结果。

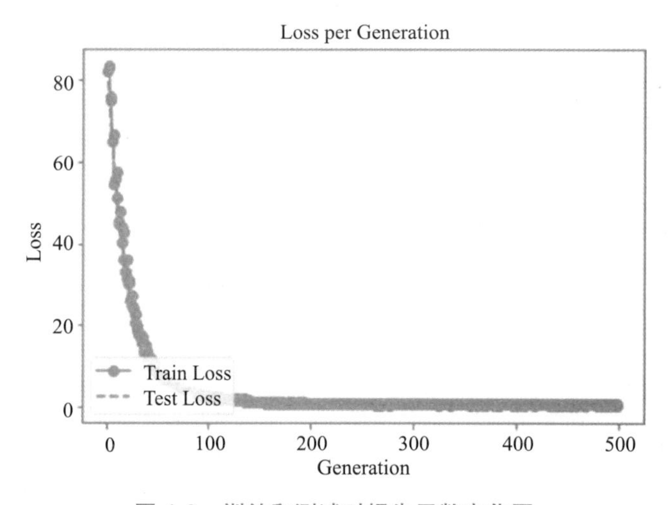

图 4-8　训练和测试时损失函数变化图

在本章中，我们讨论了如何系统地在 TensorFlow 中搭建线性、逻辑斯谛以及 MLP 模型。

第5章 Keras 中的回归到 MLP

你已经在解决机器学习应用的时候使用了回归。线性回归和非线性回归被用来预测数值目标，而逻辑斯谛回归和其他分类器常用于非数值目标变量的预测。在本章中，我们将讨论多层感知机的演化。

特别地，你会对比使用和不使用 Keras 的不同模型所生成的准确率。

5.1 对数 – 线性模型

创建一个新的 Python 文件并导入以下包。确保你已经在系统中安装了 Keras。

```
######Log-Linear Model ###########
from sklearn.datasets import load_iris
from sklearn.cross_validation import train_test_split
from sklearn.linear_model import LogisticRegressionCV
from sklearn.linear_model import LinearRegression
import numpy as np
import matplotlib.pyplot as plt
from keras.models import Sequential
from keras.layers import Dense, Activation
```

你将会用到 Iris 数据集作为数据源。因此，从 Seaborn 载入数据集。

```
# Load the iris dataset from seaborn.
iris = load_iris()
```

Iris 数据集有五个属性。你会用到前四个属性来预测种类，种类由数据集的第五个属性定义。

```
# Use the first 4 variables to predict the species.
X, y = iris.data[:, :4], iris.target
```

使用 scikit-learn 的函数，将数据集分割为测试集和训练集。

```
# Split both independent and dependent variables in half
# for cross-validation
train_X, test_X, train_y, test_y = train_test_split(X, y, train_size=0.5, random_state=0)
#print(type(train_X),len(train_y),len(test_X),len(test_y))
```

```
###################################
# scikit Learn for (Log) Linear Regression #
###################################
```

使用 model.fit 函数在训练数据集上训练模型。

```
# Train a scikit-learn log-regression model
# lr =LogisticRegressionCV
# Train a scikit-learn linear-regression model
lr = LinearRegression()
lr.fit(train_X, train_y)
```

当模型训练结束之后，你可以在测试集上预测输出。

```
# Test the model. Print the accuracy on the test data
pred_y = lr.predict(test_X)
#print("Accuracy is {:.2f}".format(lr.score(test_X, test_y)))
```

5.2 线性回归的 Keras 神经网络

现在，我们来搭建一个线性回归的 Keras 神经网络模型。

```
# Build the keras model
model = Sequential()
# 4 features in the input layer (the four flower measurements)
# 16 hidden units
model.add(Dense(16, input_shape=(4,)))
model.add(Activation('sigmoid'))
# 3 classes in the ouput layer (corresponding to the 3 species)
model.add(Dense(3))
model.add(Activation('softmax'))
```

```
# Compile the model
model.compile(loss='sparse_categorical_crossentropy', optimizer='adam', metrics=['accuracy'])
```

使用 model.fit 函数在训练数据集上来训练模型。

```
# Fit/Train the keras model
model.fit(train_X, train_y, verbose=1, batch_size=1, nb_epoch=100)
```

当模型训练完后，你可以在测试集上预测输出。

```
# Test the model. Print the accuracy on the test data
loss, accuracy = model.evaluate(test_X, test_y, verbose=0)
print("\nAccuracy is using keras prediction  {:.2f}".format(accuracy))
```

打印两个模型的准确率。

```
print("\nAccuracy is using keras prediction  {:.2f}".format(accuracy))

print("Accuracy is using regression  {:.2f}".format(lr.score(test_X, test_y)))
```

运行此代码，你会得到如下输出：

```
Using TensorFlow backend.

Epoch 1/100

75/75 [==============================] - 0s - loss: 1.2947 - acc: 0.4533

Epoch 2/100

75/75 [==============================] - 0s - loss: 1.0353 - acc: 0.6400

Epoch 3/100

75/75 [==============================] - 0s - loss: 0.8930 - acc: 0.6533

...                 ...                 ...

...                 ...                 ...

...                 ...                 ...

...                 ...                 ...

Epoch 99/100

75/75 [==============================] - 0s - loss: 0.1186 - acc: 0.9733

Epoch 100/100

75/75 [==============================] - 0s - loss: 0.1167 - acc: 0.9867


Accuracy is using keras prediction  0.99

Accuracy is using regression  0.89
```

5.3 逻辑斯谛回归

本节中，给出一个逻辑斯谛回归的例子（见图 5-1），你可以对比 scikit-learn 和 Keras 中的代码。

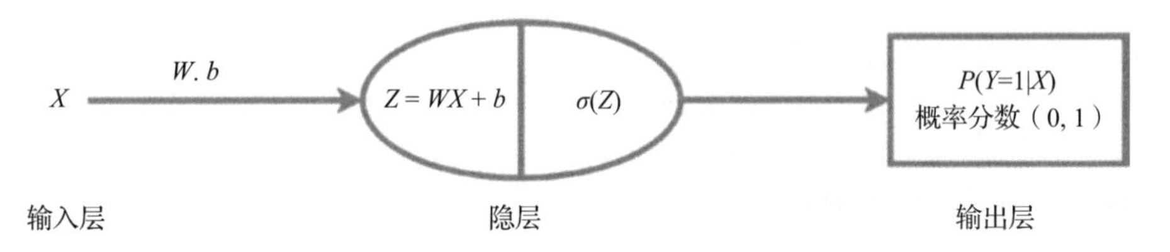

图 5-1　用于分类的逻辑斯谛回归

创建一个新的 Python 文件并导入以下包。确保你已经在系统中安装了 Keras。

```
from sklearn.datasets import load_iris
import numpy as np
from sklearn.cross_validation import train_test_split
from sklearn.linear_model import LogisticRegressionCV
from keras.models import Sequential
from keras.layers.core import Dense, Activation
from keras.utils import np_utils
```

你将会用到 Iris 数据集作为数据源。因此从 scikit-learn 载入数据。

```
# Load Data and Prepare data
iris = load_iris()
X, y = iris.data[:, :4], iris.target
```

使用 scikit-learn 的函数，将数据集分为测试和训练数据集。

```
# Load Data and Prepare data
iris = load_iris()
X, y = iris.data[:, :4], iris.target
```

5.3.1 scikit-learn 逻辑斯谛回归

使用 model.fit 函数在训练数据集上训练模型。模型训练完成之后，可以在测试集上预测输出结果。

```
##################################
# scikit Learn for  Logistic Regression
```

```
##################################
lr = LogisticRegressionCV()
lr.fit(train_X, train_y)
pred_y = lr.predict(test_X)
print("Test fraction correct (LR-Accuracy) = {:.2f}".format(lr.score(test_X, test_y)))

##########################################
```

5.3.2　逻辑斯谛回归的 Keras 神经网络

独热编码将数据特征变换为更适合应用于分类和回归算法的格式。

```
##################################
# Keras Neural Network for Logistic Regression
##################################

# Make ONE-HOT enconding for converting into categorical variable
def one_hot_encode_object_array(arr):
    uniques, ids = np.unique(arr, return_inverse=True)
    return np_utils.to_categorical(ids, len(uniques))


# Dividing data into train and test data
train_y_ohe = one_hot_encode_object_array(train_y)
test_y_ohe = one_hot_encode_object_array(test_y)
#Creating a model
model = Sequential()
model.add(Dense(16, input_shape=(4,)))
model.add(Activation('sigmoid'))
model.add(Dense(3))
model.add(Activation('softmax'))


# Compiling the model
model.compile(loss='categorical_crossentropy', metrics=['accuracy'], optimizer='adam')
```

使用 `model.fit` 函数在训练数据集上训练模型。

```
# Actual modelling
model.fit(train_X, train_y_ohe, verbose=0, batch_size=1, nb_epoch=100)
```

使用 `model.evaluate` 函数来计算模型的表现水平。

```
score, accuracy = model.evaluate(test_X, test_y_ohe, batch_size=16, verbose=0)
```

打印两个模型得到的准确率。

基于 scikit-learn 的模型准确率：

```
print("\n Test fraction correct (LR-Accuracy) logistic regression = {:.2f}".format(lr.score(test_x, test_y)))
```

准确率为 0.83。

Keras 模型的准确率：

```
print("Test fraction correct (NN-Accuracy) keras  = {:.2f}".format(accuracy))
```

准确率为 0.99。

运行此代码，你会得到如下输出：

```
Using TensorFlow backend.
Test fraction correct (LR-Accuracy) logistic regression =
0.83
Test fraction correct (NN-Accuracy) keras  = 0.99
Epoch 1/100
75/75 [==============================] - 0s - loss: 1.2947 -
acc: 0.4533
Epoch 2/100
75/75 [==============================] - 0s - loss: 1.0353 -
acc: 0.6400
Epoch 3/100
75/75 [==============================] - 0s - loss: 0.8930 -
acc: 0.6533
...                        ...                        ...
...                        ...                        ...
...                        ...                        ...
...                        ...                        ...
Epoch 99/100
75/75 [==============================] - 0s - loss: 0.1186 -
acc: 0.9733
Epoch 100/100
75/75 [==============================] - 0s - loss: 0.1167 -
acc: 0.9867

Accuracy is using keras prediction  0.99
Accuracy is using regression  0.89
```

为了给出一个真实生活中的例子，我会讨论一些使用流行的 MNIST 数据集的代码，MNIST 数据集是 Zalando.com 的图片数据集，它包含 60 000 个训练集的实例和 10 000 个测试集的实例。每个实例是一个带有十类标签中一种的 28 × 28 灰度图。

5.3.3　流行的 MNIST 数据：Keras 中的逻辑斯谛回归

创建一个新的 Python 文件并导入以下包。确保你已经在系统上安装了 Keras。

```
from __future__ import print_function
from keras.models import load_model
import keras
import fashion_mnist
from keras.models import Sequential
from keras.layers import Dense, Dropout
import numpy as np

batch_size = 128
num_classes = 10
epochs = 2
```

像前面提到的，你将用到流行的 MNIST 数据集。用两个不同的变量来存储数据和标签。

```
# the data, shuffled and split between train and test sets
(x_train, y_train), (x_test, y_test) = fashion_mnist.load_data()

x_train = x_train.reshape(60000, 784)
x_test = x_test.reshape(10000, 784)
x_train = x_train.astype('float32')
x_test = x_test.astype('float32')
```

归一化数据集，如下所示：

```
#Gaussian Normalization of the dataset
x_train = (x_train-np.mean(x_train))/np.std(x_train)
x_test = (x_test-np.mean(x_test))/np.std(x_test)

# convert class vectors to binary class matrices
y_train = keras.utils.to_categorical(y_train, num_classes)
y_test = keras.utils.to_categorical(y_test, num_classes)
```

定义模型，如下所示：

```
#Building a model architecture
model = Sequential()
model.add(Dense(256, activation='elu', input_shape=(784,)))
model.add(Dropout(0.4))
model.add(Dense(512, activation='relu'))
model.add(Dense(num_classes, activation='softmax'))

model.summary()

model.compile(loss='categorical_crossentropy',
              optimizer='adam',
              metrics=['accuracy'])

model.fit(x_train, y_train,
                    batch_size=batch_size,
                    epochs=epochs,
                    validation_data=(x_test, y_test))
```

将模型保存为一个 `.h5` 文件（后续你可以直接用 `keras.models` 中的 `load_`

model() 函数来调用它）并输出模型在测试集上的准确率，如下所示：

```
#saving the model using the 'model.save' function
model.save('my_model.h5')
score = model.evaluate(x_test, y_test, verbose=0)
print('Test loss:', score[0])
print('Test accuracy:', score[1])
```

运行上述代码，你会得到如下输出：

```
('train-images-idx3-ubyte.gz', <http.client.HTTPMessage object
at 0x00000171338E2B38>)
_________________________________________________________________
Layer (type)                 Output Shape              Param #
=================================================================
dense_59 (Dense)             (None, 256)               200960
_________________________________________________________________
dropout_10 (Dropout)         (None, 256)               0
_________________________________________________________________
dense_60 (Dense)             (None, 512)               131584
_________________________________________________________________
dense_61 (Dense)             (None, 10)                5130
=================================================================
Total params: 337,674
Trainable params: 337,674
Non-trainable params: 0
_________________________________________________________________
Train on 60000 samples, validate on 10000 samples
Epoch 1/2
60000/60000 [==============================] - loss: 0.5188 -
acc: 0.8127 - val_loss: 0.4133 - val_acc: 0.8454
Epoch 2/2
60000/60000 [==============================] - loss: 0.3976 -
acc: 0.8545 - val_loss: 0.4010 - val_acc: 0.8513
Test loss: 0.400989927697
Test accuracy: 0.8513
```

5.4　基于 Iris 数据的 MLP

多层感知机就是一个最小的神经网络模型。本节中，会展示相关的代码。

5.4.1　编写代码

创建一个新的 Python 文件并导入以下包。确保你已经在系统上安装了 Keras。

```
##########MLP on iris data ####################

import pandas as pd
import numpy as np
from keras.models import Sequential
from keras.layers import Dense, Activation
from keras.utils import np_utils
```

用 Pandas 读入 CSV 文件的方式载入数据。

```
#Load and Prepare Data
datatrain = pd.read_csv('./Datasets/iris/iris_train.csv')
```

给数据集的类别指定数字值。

```
#change string value to numeric
datatrain.set_value(datatrain['species']=='Iris-setosa',['species'],0)
datatrain.set_value(datatrain['species']=='Iris-versicolor',['species'],1)
datatrain.set_value(datatrain['species']=='Iris-virginica',['species'],2)
datatrain = datatrain.apply(pd.to_numeric)
```

将数据表转换为数组。

```
#change dataframe to array
datatrain_array = datatrain.as_matrix()
```

数据和目标值分开并用两个变量存储。

```
# split x and y (feature and target)
xtrain = datatrain_array[:,:4]
ytrain = datatrain_array[:,4]
```

用 Numpy 改变目标值的格式。

```
#change target format
ytrain = np_utils.to_categorical(ytrain)
```

5.4.2　构建一个序列 Keras 模型

这里你将会构建一个带有一个隐层的多层感知机。

- 输入层：输入层包含四个神经元，代表 Iris 的特征（萼片长度等）。
- 隐层：隐层包含十个神经元，激活单元使用 ReLU。

- 输出层：输出层包含三个神经元，代表 Iris 的 softmax 层的三个类别。

```
#Build Keras model
#Multilayer perceptron model, with one hidden layer.
#Input layer : 4 neuron, represents the feature of Iris(Sepal Length etc)
#Hidden layer : 10 neuron, activation using ReLU
#Output layer : 3 neuron, represents the class of Iris, Softmax Layer
model = Sequential()
model.add(Dense(output_dim=10, input_dim=4))
model.add(Activation("relu"))
model.add(Dense(output_dim=3))
model.add(Activation("softmax"))
```

编译模型并选择好用于训练和优化数据的优化器和损失函数，如下所示：

```
#Compile model :choose optimizer and loss function
#optimizer = stochastic gradient descent with no batch-size
#loss function = categorical cross entropy
#learning rate = default from keras.optimizer.SGD, 0.01
model.compile(loss='categorical_crossentropy', optimizer='sgd', metrics=['accuracy'
```

使用 `model.fit` 函数训练模型，如下所示：

```
#train
model.fit(xtrain, ytrain, nb_epoch=100, batch_size=120)
```

载入并准备测试数据，如下所示：

```
## Evaluate on test data
#Load and Prepare Data
datatest = pd.read_csv('./Datasets/iris/iris_test.csv')
```

字符值转换为数字值，如下所示：

```
#change string value to numeric
datatest.set_value(datatest['species']=='Iris-setosa',['species'],0)
datatest.set_value(datatest['species']=='Iris-versicolor',['species'],1)
datatest.set_value(datatest['species']=='Iris-virginica',['species'],2)
datatest = datatest.apply(pd.to_numeric)
```

数据表转换为数组，如下所示：

```
#change dataframe to array
datatest_array = datatest.as_matrix()
```

分割 x 和 y，即分割特征集和目标集，如下所示：

```
#split x and y (feature and target)
xtest= datatest_array[:,:4]
ytest = datatest_array[:,4]
```

用训练完的模型做预测，如下所示：

```
#get prediction
classes = model.predict_classes(xtest, batch_size=120)
```

计算准确率，如下所示：

```
#get accuration
accuration = np.sum(classes == ytest)/30.0 * 100
```

打印模型生成的准确率，如下所示：

```
print("Test Accuration : " + str(accuration) + '%')
print("Prediction :")
print(classes)
print("Target :")
print(np.asarray(ytest,dtype="int32"))
```

运行此代码，你将得到如下输出：

```
Epoch 1/100
120/120 [==============================] - 0s - loss: 2.7240 -
acc: 0.3667
Epoch 2/100
120/120 [==============================] - 0s - loss: 2.4166 -
acc: 0.3667
Epoch 3/100
120/120 [==============================] - 0s - loss: 2.1622 -
acc: 0.4083
Epoch 4/100
120/120 [==============================] - 0s - loss: 1.9456 -
acc: 0.6583
Epoch 98/100
120/120 [==============================] - 0s - loss: 0.5571 -
acc: 0.9250
Epoch 99/100
120/120 [==============================] - 0s - loss: 0.5554 -
acc: 0.9250
Epoch 100/100
```

```
120/120 [==============================] - 0s - loss: 0.5537 -
acc: 0.9250
```

5.5 基于 MNIST 数据的 MLP 数字分类

MNIST 是手写数字预测的标准数据集。本节中，你会看到如何运用多层感知机的概念来完成一个手写数字识别系统。

创建一个新的 Python 文件并导入以下包。确保你已经在系统上安装了 Keras。

```
##########MLP : MNIST Data (Digit Classification) #########################

import numpy as np
import os
from keras.datasets import mnist
from keras.models import Sequential
from keras.layers.core import Dense, Dropout, Activation
from keras.optimizers import RMSprop
from keras.utils import np_utils
```

一些重要的变量定义。

```
np.random.seed(100) # for reproducibility
batch_size = 128 #Number of images used in each optimization step
nb_classes = 10 #One class per digit
nb_epoch = 20 #Number of times the whole data is used to learn
```

使用 `mnist.load_data()` 函数载入数据集。

```
(X_train, y_train), (X_test, y_test) = mnist.load_data()

#Flatten the data, MLP doesn't use the 2D structure of the data. 784 = 28*28
X_train = X_train.reshape(60000, 784) # 60,000 digit images
X_test = X_test.reshape(10000, 784)
```

训练集和测试集的类型转换为 `float32`。

```
X_train = X_train.astype('float32')
X_test = X_test.astype('float32')
```

将数据集归一化，也即都被设为 Z-score。

```
# Gaussian Normalization( Z- score)
```

```
X_train = (X_train- np.mean(X_train))/np.std(X_train)
X_test = (X_test- np.mean(X_test))/np.std(X_test)
```

显示数据集中可用的训练样本和测试样本数。

```
#Display number of training and test instances
print(X_train.shape[0], 'train samples')
print(X_test.shape[0], 'test samples')
```

转换类别向量为二元类矩阵。

```
# convert class vectors to binary class matrices (ie one-hot vectors)
Y_train = np_utils.to_categorical(y_train, nb_classes)
Y_test = np_utils.to_categorical(y_test, nb_classes)
```

定义多层感知机的序列模型。

```
#Define the model achitecture
model = Sequential()
model.add(Dense(512, input_shape=(784,)))
model.add(Activation('relu'))
model.add(Dropout(0.2)) # Regularization
model.add(Dense(120))
model.add(Activation('relu'))
model.add(Dropout(0.2))
model.add(Dense(10)) #Last layer with one output per class
model.add(Activation('softmax')) #We want a score simlar to a probability for each class
```

使用优化器。

```
#Use rmsprop as an optimizer
rms = RMSprop()
```

待优化函数为真实标签和模型输出（softmax）之间的交叉熵。

```
#The function to optimize is the cross entropy between the true label and the output (softmax) of the model
model.compile(loss='categorical_crossentropy', optimizer=rms, metrics=["accuracy"])
```

使用 `model.fit` 函数训练模型。

```
#Make the model learn
model.fit(X_train, Y_train,
batch_size=batch_size, nb_epoch=nb_epoch,
verbose=2,
validation_data=(X_test, Y_test))
```

使用 `model.evaluate` 函数计算模型的表现。

```
#Evaluate how the model does on the test set
score = model.evaluate(X_test, Y_test, verbose=0)
```

打印模型生成的准确率。

```
print('Test score:', score[0])
print('Test accuracy:', score[1])
```

运行此代码，你会得到如下输出：

```
60000 train samples
10000 test samples
Train on 60000 samples, validate on 10000 samples
Epoch 1/20
13s - loss: 0.2849 - acc: 0.9132 - val_loss: 0.1149 - val_acc:
0.9652
Epoch 2/20
11s - loss: 0.1299 - acc: 0.9611 - val_loss: 0.0880 - val_acc:
0.9741
Epoch 3/20
11s - loss: 0.0998 - acc: 0.9712 - val_loss: 0.1121 - val_acc:
0.9671
Epoch 4/20
Epoch 18/20
14s - loss: 0.0538 - acc: 0.9886 - val_loss: 0.1241 - val_acc:
0.9814
Epoch 19/20
12s - loss: 0.0522 - acc: 0.9888 - val_loss: 0.1154 - val_acc:
0.9829
Epoch 20/20
13s - loss: 0.0521 - acc: 0.9891 - val_loss: 0.1183 - val_acc:
0.9824
Test score: 0.118255248802
Test accuracy: 0.9824
```

现在是时候创建一个数据集并使用多层感知机了。这里你会用到随机函数来创建你自己的数据集，然后在生成的数据集上运行多层感知机。

5.6　基于随机生成数据的 MLP

创建一个新的 Python 文件并导入以下包。确保你已经在系统上安装了 Keras。

```
#####MLP on randomly generated Data ##############
import keras
from keras.models import Sequential
from keras.layers import Dense, Dropout, Activation
from keras.optimizers import SGD
import numpy as np
```

使用 `random` 函数生成数据。

```
# Generate dummy data
x_train = np.random.random((1000, 20))
# Y having 10 possible categories
y_train = keras.utils.to_categorical(np.random.randint(10, size=(1000, 1)), num_classes=10)
x_test = np.random.random((100, 20))
y_test = keras.utils.to_categorical(np.random.randint(10, size=(100, 1)), num_classes=10)
```

创建一个序列模型。

```
#Create a model
model = Sequential()
# Dense(64) is a fully-connected layer with 64 hidden units.
# In the first layer, you must specify the expected input data shape:
# here, 20-dimensional vectors.
model.add(Dense(64, activation='relu', input_dim=20))
model.add(Dropout(0.5))
model.add(Dense(64, activation='relu'))
model.add(Dropout(0.5))
model.add(Dense(10, activation='softmax'))
```

编译模型。

```
#Compile the model
sgd = SGD(lr=0.01, decay=1e-6, momentum=0.9, nesterov=True)
model.compile(loss='categorical_crossentropy',optimizer=sgd,metrics=['accuracy'])
```

使用 `model.fit` 函数训练模型。

```
# Fit the model
model.fit(x_train, y_train,epochs=20,batch_size=128)
```

用 `model.evaluate` 函数评估模型表现。

```
# Evaluate the model
score = model.evaluate(x_test, y_test, batch_size=128)
```

运行此代码，你会得到如下输出：

```
Epoch 1/20
1000/1000 [==============================] - 0s - loss:
2.4432 - acc: 0.0970
Epoch 2/20
1000/1000 [==============================] - 0s - loss:
2.3927 - acc: 0.0850
Epoch 3/20
1000/1000 [==============================] - 0s - loss:
2.3361 - acc: 0.1190
Epoch 4/20
1000/1000 [==============================] - 0s - loss:
2.3354 - acc: 0.1000
Epoch 19/20
1000/1000 [==============================] - 0s - loss:
2.3034 - acc: 0.1160
Epoch 20/20
1000/1000 [==============================] - 0s - loss:
2.3055 - acc: 0.0980
100/100 [==============================]   0s
```

本章中，我们讨论了如何以一种系统性的方式在 Keras 中搭建一个线性、逻辑斯谛以及 MLP 模型。

第6章 卷积神经网络

卷积神经网络（CNN）是一个深层的、前向反馈的人工神经网络结构，CNN 的网络结构中保存着层级结构，这些层级结构是通过学习内部特征表现，以及在常见图片问题，比如物体识别和其他计算机视觉问题中通过泛化特征得到的。CNN 并不仅仅局限于图像领域，它在自然语言处理问题和语音识别方面也取得了最高水平的结果。

6.1 CNN 中的各种层

CNN 由多个层组成，如图 6-1 所示。

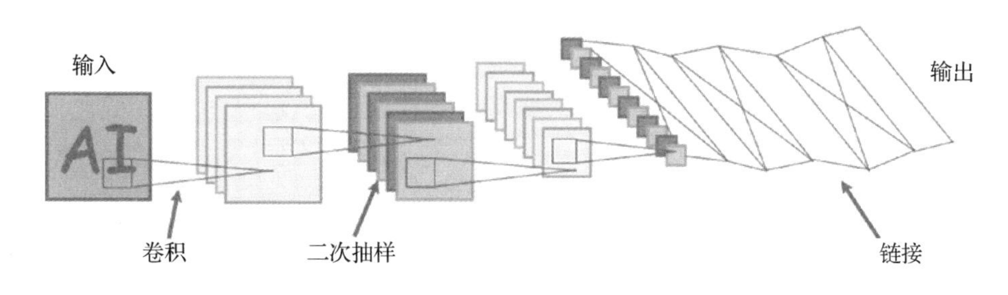

图 6-1 CNN 中的多个层

卷积层由滤波器和图像映射组成。考虑输入的灰度图片大小为 5 × 5，也就是 25 个像素的矩阵。图片数据被表示成一个宽 × 高 × 通道的三维矩阵。

注意　图像映射是一组与特定图片相关的坐标。

卷积的目的是从输入图片中提取特征，因此它保存着像素之间在空间上的关系，这些关系是通过用输入数据的小方块来学习图片特征得到的。旋转不变性、平移不变性、以及标度不变性都是可以被预料到的。比如说，由于卷积步骤的存在，一个旋转过的或者尺度缩放过的猫图片可以很容易地被一个 CNN 识别出来。在原始的图片（这里是一个像素）上滑动滤波器（方矩阵），并且在每一个给定位置上（在过滤器的矩阵和原始图片之间）计算逐元素的乘积，并将上述乘积相加得到组成输出矩阵元素的整数。

二次抽样就是对每次特征映射的可学习权重做简单地平均池化操作，如图 6-2 所示。

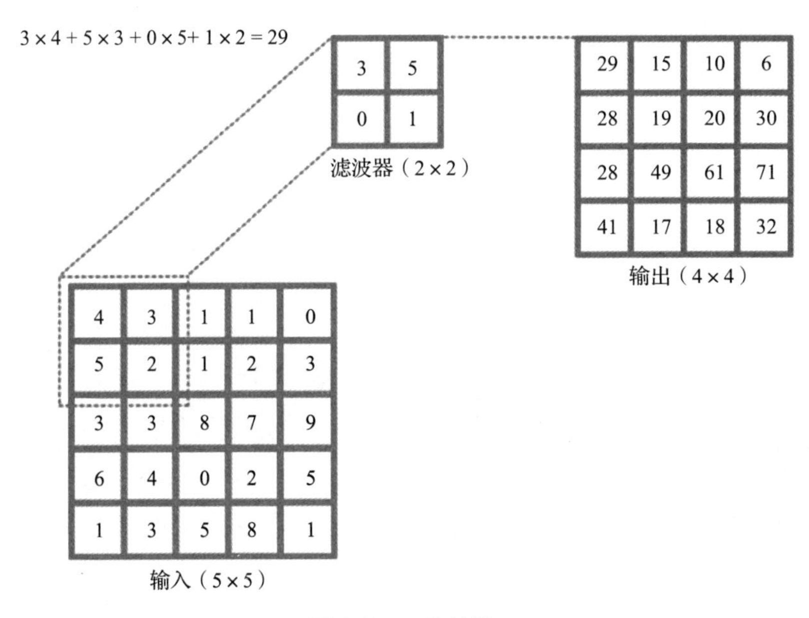

图 6-2　二次抽样

滤波器是具有输入权重并生成输出的神经元。假设我们定义了一个具有六个滤波器和感受野为 2 个像素宽 2 个像素高的卷积层，并使用默认步长 1，同时默认填充为

0。每个滤波器从来自图像的一部分的一个 2×2 像素接受输入，也就是每次 4 个像素。因此你也可以说它需要 4+1（偏置量）个输入权重。

输入体积为 $5 \times 5 \times 3$（宽 × 高 × 通道数），这里有六个大小为 2×2、步长为 1、填充为 0 的滤波器。因此，这层中每个滤波器的参量数为 $2 \times 2 \times 3 + 1 = 13$（加 1 是考虑到偏置量）。因为这里有六个滤波器，所以你会有 $13 \times 6 = 78$ 个参数。

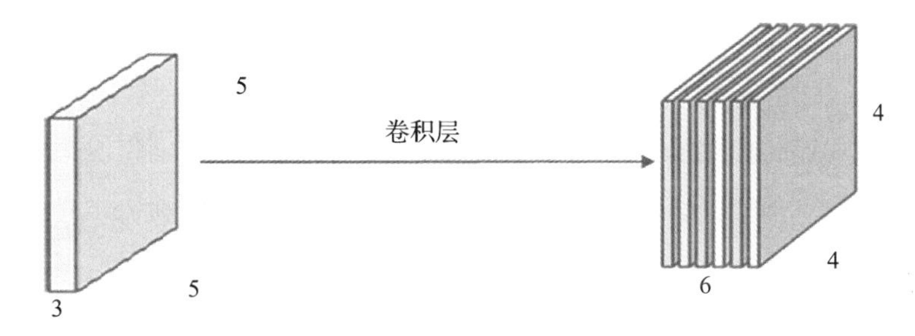

图 6-3　输入体积

这里做个总结：

- 输入体积大小为 $W_1 \times H_1 \times D_1$。
- 模型的超参数为：滤波器数（f），步长（S），零值填充量（P）。
- 这给出的体积大小为 $W_2 \times H_2 \times D_2$。
- $W_2 = (W_1 - f + 2P)/S + 1 = 4$。
- $H_2 = (H_1 - f + 2P)/S + 1 = 4$。
- D_2 = 滤波器数 = f = 6。

池化层减小了前一层的激活映射。它后面跟着一个或多个卷积层，同时它也整合了之前所有层的激活映射所学习到的特征。池化层的存在降低了对训练数据的过拟合风险，并且可以泛化神经网络所表示的特征。感知野的大小几乎总是设成 2×2 并使用步长 1 或 2（或更高）来确保没有重叠。对每个感知野使用最大池化操作，以使激活的是输入的最大值。在这里是每四个数映射到一个数。因此，像素数在这一步会下降为原图的四分之一（图 6-4）。

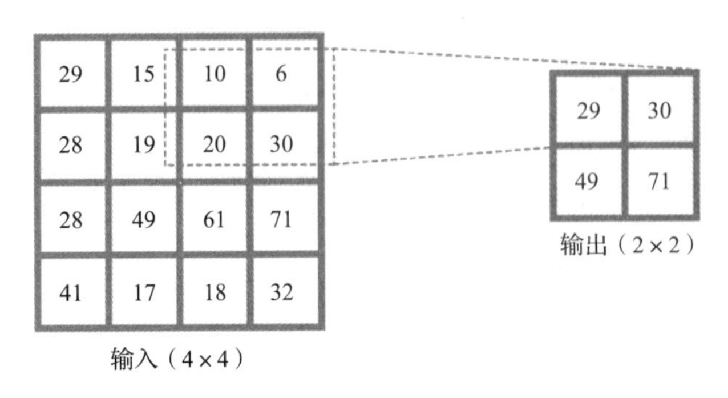

图 6-4　最大池化减少像素数

全连接层是一个前馈的人工神经网络层。这些层到输出类别预测概率之间有一个非线性激活函数。它们被从头用到尾，直到所有的特征都被识别出来并被卷积层所提取，并且被网络中的池化层所整合。这里，隐层和输出层都是全连接层。

6.2　CNN 结构

CNN 是一个由一些卷积层组成的前馈深度神经网络结构，每个卷积层后面都跟着一个池化层，一个激活函数，并且可以选择是否进行批归一化。它也包含全连接层。当一个图片沿着网络移动的时候，它会变得越来越小，主要是因为最大池化的作用。最后的层输出所预测的类别概率。

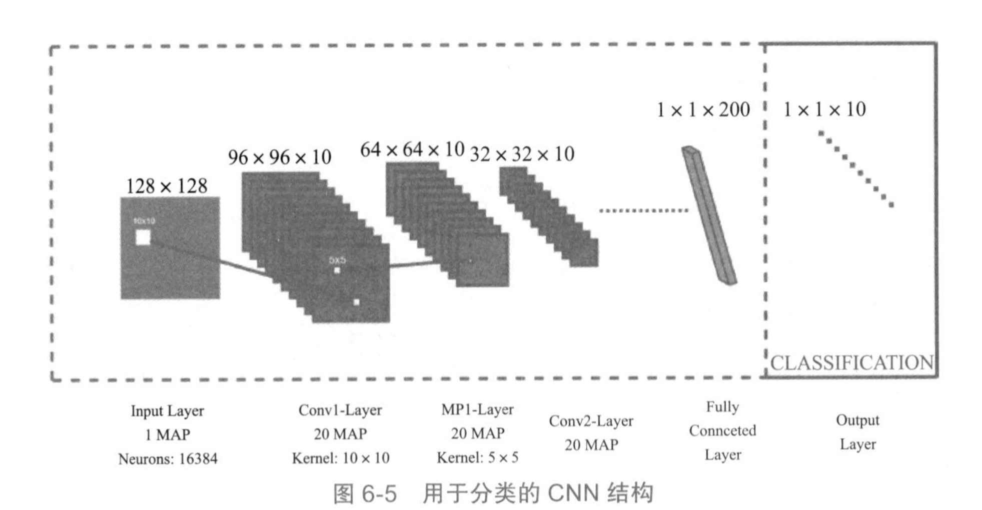

图 6-5　用于分类的 CNN 结构

过去几年已经见证了很多种结构的发展，它们已经在图像分类领域取得了巨大的进展。一流的预训练网络（VGG16、VGG19、ResNet50、Inception V3 以及 Xception）已经被用在各种各样的图像分类难题中，包括医学成像。迁移学习是一种在一堆层结构之上添加预训练模型的实践。它可以被用于解决各个领域中的图片分类难题。

07 CHAPTER

第7章 TensorFlow 中的 CNN

这一章会演示如何使用 TensorFlow 来搭建 CNN 模型。CNN 模型可以帮你实现一个图片分类器。一般来说，你可以在模型结构中创建一些赋予初始权重和偏置量的层。然后利用训练数据集来调整这些权重和偏置量。还有另一种方法，它涉及使用一些类似 InceptionV3 这样的预训练模型来对图片进行分类。你可以使用这种迁移学习的方法来实现一个强大的分类器，即在预训练模型的层（其参数值不要改动）之上添加一些（参数已经训练过的）层。

本章中，我会使用 TensorFlow 来展示如何建立一个卷积网络以研究各种各样的计算机视觉应用的问题。用数据流的图来解释一个 CNN 的结构会更容易理解一些。

7.1 为什么用 TensorFlow 搭建 CNN 模型

在 TensorFlow 中，图片可以被表示成一个三维数组或者张量（其形状为高、宽、通道数）。TensorFlow 提供了快速迭代的灵活性，这使得你可以更快地训练模型并让你能运行更多的实验。当在生产活动中使用 TensorFlow 模型时，你可以在大规模 GPU 或者 TPU 上运行你的模型。

7.2　基于 MNIST 数据集搭建图片分类器的 TensorFlow 代码

本节中，我会带你看一个例子来理解如何在 TensorFlow 中实现 CNN 模型。

以下代码从 TensorFlow 的 contrib 包导入 MNIST 数据集（28 × 28 灰度数字图片）并载入所有需要的库。这里的目标是构建一个分类器来预测给定图片中的数字。

```
from tensorflow.contrib.learn.python.learn.datasets.mnist
import read_data_sets
from tensorflow.python.framework import ops
import tensorflow as tf
import numpy as np
```

然后可以启动一个图会话。

```
# Start a graph session
sess = tf.Session()
```

载入 MNIST 数据并生成训练和测试集。

```
# Load data
from keras.datasets import mnist
(X_train, y_train), (X_test, y_test) = mnist.load_data()
```

然后对训练和测试集的特征进行归一化。

```
# Z- score  or Gaussian Normalization
X_train = X_train - np.mean(X_train) / X_train.std()
X_test = X_test - np.mean(X_test) / X_test.std()
```

由于这是一个多类分类的问题，对输出类的值使用独热编码会更好一些。

```
# Convert labels into one-hot encoded vectors
num_class = 10
train_labels = tf.one_hot(y_train, num_class)
test_labels = tf.one_hot(y_test, num_class)
```

现在来设置模型参数。由于图片是灰度的，因此，其深度（通道数）为 1。

```
# Set model parameters
batch_size = 784
samples =500
learning_rate = 0.03
```

```
img_width = X_train[0].shape[0]
img_height = X_train[0].shape[1]
target_size = max(train_labels) + 1
num_channels = 1 # greyscale = 1 channel
epoch = 200
no_channels = 1
conv1_features = 30
filt1_features = 5
conv2_features = 15
filt2_features = 3
max_pool_size1 = 2 # NxN window for 1st max pool layer
max_pool_size2 = 2 # NxN window for 2nd max pool layer
fully_connected_size1 = 150
```

我们给模型声明一些占位符。输入数据的特征、目标值变量以及批数据的大小可以因训练和评估数据集而改变。

```
# Declare model placeholders
x_input_shape = (batch_size, img_width, img_height, num_channels)
x_input = tf.placeholder(tf.float32, shape=x_input_shape)
y_target = tf.placeholder(tf.int32, shape=(batch_size))
eval_input_shape = (samples, img_width, img_height, num_channels)
eval_input = tf.placeholder(tf.float32, shape=eval_input_shape)
eval_target = tf.placeholder(tf.int32, shape=(samples))
```

让我们为输入和隐层神经元声明模型变量的权重和偏置量的值。

```
# Declare model variables
W1 = tf.Variable(tf.random_normal([filt1_features,
filt1_features, no_channels, conv1_features]))
b1 = tf.Variable(tf.ones([conv1_features]))
W2 = tf.Variable(tf.random_normal([filt2_features,
filt2_features, conv1_features, conv2_features]))
b2 = tf.Variable(tf.ones([conv2_features]))
```

接下来给全连接层声明模型变量，同时给最后两层定义权重值和偏置量。

```
# Declare model variables for fully connected layers
resulting_width = img_width // (max_pool_size1 * max_pool_size2)
resulting_height = img_height // (max_pool_size1 * max_pool_size2)
full1_input_size = resulting_width * resulting_height * conv2_
features
W3 = tf.Variable(tf.truncated_normal([full1_input_size,
fully_connected_size1], stddev=0.1, dtype=tf.float32))
```

```
b3 = tf.Variable(tf.truncated_normal([fully_connected_size1],
stddev=0.1, dtype=tf.float32))
W_out = tf.Variable(tf.truncated_normal([fully_connected_size1,
target_size], stddev=0.1, dtype=tf.float32))
b_out = tf.Variable(tf.truncated_normal([target_size],
stddev=0.1, dtype=tf.float32))
```

创建一个帮助函数来定义卷积和最大池化层。

```
# Define helper functions for the convolution and maxpool layers:
def conv_layer(x, W, b):
    conv = tf.nn.conv2d(x, W, strides=[1, 1, 1, 1],
    padding='SAME')
    conv_with_b = tf.nn.bias_add(conv, b)
    conv_out = tf.nn.relu(conv_with_b)
    return conv_out
def maxpool_layer(conv, k=2):
    return tf.nn.max_pool(conv, ksize=[1, k, k, 1],
    strides=[1, k, k, 1], padding='SAME')
```

一个两个隐层和两个全连接层的神经网模型定义完成。线性整流单元（ReLU）被用作隐层和最终输出层的激活函数。

```
# Initialize Model Operations
def my_conv_net(input_data):
    # First Conv-ReLU-MaxPool Layer
    conv_out1 = conv_layer(input_data, W1, b1)
    maxpool_out1 = maxpool_layer(conv_out1)

    # Second Conv-ReLU-MaxPool Layer
    conv_out2 = conv_layer(maxpool_out1, W2, b2)
    maxpool_out2 = maxpool_layer(conv_out2)

    # Transform Output into a 1xN layer for next fully
    connected layer
    final_conv_shape = maxpool_out2.get_shape().as_list()
    final_shape = final_conv_shape[1] * final_conv_shape[2] *
    final_conv_shape[3]
    flat_output = tf.reshape(maxpool_out2, [final_conv_shape[0],
    final_shape])

    # First Fully Connected Layer
    fully_connected1 = tf.nn.relu(tf.add(tf.matmul(flat_output,
    W3), b3))
    # Second Fully Connected Layer
    final_model_output = tf.add(tf.matmul(fully_connected1,
```

```
    W_out), b_out)

    return(final_model_output)

model_output = my_conv_net(x_input)
test_model_output = my_conv_net(eval_input)
```

你会用 softmax 交叉熵函数（对多类分类问题会更好用）按 logits 来定义损失。

```
# Declare Loss Function (softmax cross entropy)
loss = tf.reduce_mean(tf.nn.sparse_softmax_cross_entropy_with_
logits(logits=model_output, labels=y_target))
```

定义训练集和测试集的预测函数。

```
# Create a prediction function
prediction = tf.nn.softmax(model_output)
test_prediction = tf.nn.softmax(test_model_output)
```

为了确定模型在每个批数据上的准确率，我们定义准确率函数。

```
# Create accuracy function
def get_accuracy(logits, targets):
    batch_predictions = np.argmax(logits, axis=1)
    num_correct = np.sum(np.equal(batch_predictions, targets))
    return(100. * num_correct/batch_predictions.shape[0])
```

让我们声明训练步数并定义优化函数。

```
# Create an optimizer
my_optimizer = tf.train.AdamOptimizer(learning_rate, 0.9)
train_step = my_optimizer.minimize(loss)
```

初始化所有之前声明的模型变量。

```
# Initialize Variables
varInit = tf.global_variables_initializer()
sess.run(varInit)
```

让我们开始训练模型并对批量数据随机地进行循环。在训练集和测试集批数据上评估模型并记录其损失和准确率。

```
# Start training loop
train_loss = []
train_acc = []
test_acc = []
```

```
for i in range(epoch):
    random_index = np.random.choice(len(X_train), size=batch_size)
    random_x = X_train[random_index]
    random_x = np.expand_dims(random_x, 3)
    random_y = train_labels[random_index]

    train_dict = {x_input: random_x, y_target: random_y}

sess.run(train_step, feed_dict=train_dict)
temp_train_loss, temp_train_preds = sess.run([loss,
prediction], feed_dict=train_dict)
temp_train_acc = get_accuracy(temp_train_preds, random_y)

eval_index = np.random.choice(len(X_test),
size=evaluation_size)
eval_x = X_test[eval_index]
eval_x = np.expand_dims(eval_x, 3)
eval_y = test_labels[eval_index]
test_dict = {eval_input: eval_x, eval_target: eval_y}
test_preds = sess.run(test_prediction, feed_dict=test_dict)
temp_test_acc = get_accuracy(test_preds, eval_y)
```

模型的结果被以如下形式记录下来并输出：

```
# Record and print results
train_loss.append(temp_train_loss)
train_acc.append(temp_train_acc)
test_acc.append(temp_test_acc)
print('Epoch # {}. Train Loss: {:.2f}. Train Acc : {:.2f} .
temp_test_acc : {:.2f}'.format(i+1,temp_train_loss,
temp_train_acc,temp_test_acc))
```

7.3 使用高级 API 搭建 CNN 模型

TFLearn、TensorLayer、tflayers、TF-Slim、tf.contrib.learn、Pretty Tensor、keras 以及 Sonnet 都是高级的 TensorFlow API。如果你使用它们中任一个高级 API，你都可以在几行代码之内搭建一个 CNN 模型。因此，为了工作得更加灵活，你可以尝试探索它们中任一种 API。

第8章 Keras中的CNN

本章将演示如何使用Keras来搭建CNN模型。CNN模型可以帮你实现一个图片分类器用于预测和分类图片。一般来说，你在模型架构里创建一些赋好初始权重值和偏置量的层。然后使用训练数据集来更新权重值和偏置量。你会在下面的正文里学到怎么用Keras编程。还有另外一种方法涉及使用预训练模型，比如InceptionV3和ResNet50这些可以用来对图片进行分类。

让我们来定义一个CNN模型并评估它的表现。你会用到卷积层的结构，然后使用最大池化并平铺网络来将层全连接起来，然后做预测。

8.1 在Keras中使用MNIST数据集搭建图片分类器

这里我将演示在现在比较流行的MNIST数据集上搭建一个手写数字的分类器。

这个任务对用神经网络来说是个大挑战，但是它完全可以在一个单机上完成。

MNIST数据库包含60 000张训练图片和10 000张用于测试的图片。

我们从导入`Numpy`并给计算机伪随机数生成器设置种子开始。这样你能用你自己的脚本重复这些结果。

```
import numpy as np
# random seed for reproducibility
np.random.seed(123)
```

紧接着，从 Keras 中导入序列模型。它就是神经网络层的线性堆叠。

```
from keras.models import Sequential
from keras.layers import Dense
from keras.layers import Dropout
from keras.layers import Flatten
from keras.layers import Conv2D
from keras.layers import MaxPooling2d
#Now we will import some utilities
from keras.utils import np_utils
#Fixed dimension ordering issue
from keras import backend as K
K.set_image_dim_ordering('th')
#Load image data from MNIST
#Load pre-shuffled MNIST data into train and test sets
(X_train,y_train),(X_test, y_test)=mnist.load_data()

#Preprocess imput data for Keras
# Reshape input data.
# reshape to be [samples][channels][width][height]
X_train=X_train.reshape(X_train.shape[0],1,28,28)
X_test=X_test.reshape(X_test.shape[0],1,28,28)

# to convert our data type to float32 and normalize our database
X_train=X_train.astype('float32')
X_test=X_test.astype('float32')
print(X_train.shape)

# Z-scoring or Gaussian Normalization
X_train=X_train - np.mean(X_train) / X_train.std()
X_test=X_test - np.mean(X_test) / X_test.std()
#(60000, 1, 28, 28)

# convert 1-dim class arrays to 10 dim class metrices
#one hot encoding outputs
y_train=np_utils.to_categorical(y_train)
y_test-np_utils.to_categorical(y_test)
num_classes=y_test.shape[1]
print(num_classes)
#10

#Define a simple CNN model
print(X_train.shape)
#(60000,1,28,28)
```

8.1.1　定义网络结构

网络结构如下所示：

- 网络有一个卷积输入层，它有 32 个大小为 5 × 5 的特征映射。激活函数为线性整流单元。
- 最大池化层大小为 2 × 2。
- dropout 设为 30%。
- 你可以将层平铺。
- 网络有一个 240 个单元的全连接层，激活函数为指数线性单元。
- 网络的最后一层是一个具有 10 个单元的全连接输出层，激活函数为 softmax。

然后就可以编译模型了，使用二元交叉熵作为损失函数以及 Adagrad 作为优化器。

8.1.2　定义模型架构

模型的架构由卷积层、最大池化层以及最后的一个密集层组成。

```
# create a model
    model=Sequential()
    model.add(Conv2D(32, (5,5), input_shape=(1,28,28),
    activation='relu'))
    model.add(MaxPooling2D(pool_size=(2,2)))
    model.add(Dropout(0.3))      # Dropout, one form of
    regularization
    model.add(Flatten())
    model.add(Dense(240,activation='elu'))
    model.add(Dense(num_classes, activation='softmax'))
    print(model.output_shape)
    (None, 10)
# Compile the model
model.compile(loss='binary_crossentropy', optimizer='adagrad',
matrices=['accuracy'])
```

这之后，你可以使用训练数据集来拟合模型，可以取批大小为 200。模型从训练数据集中取前 200 个实例 / 行（从第一行到第 200 行）来训练网络。然后再取第二个 200 个样例（从第 201 个到第 400 个）来训练网络。就这样，把所有实例都输入到神经网络里。因为每次只用很少的实例来训练神经网络，所以模型需要的内存很小。但是小的批数据量不能对梯度做很好的估计，因此调整更新权重和偏置量可能会是个挑战。

一轮意味着一次前向传递以及一次后向传递所有的训练样本。完成一轮训练要有多次来回迭代。

现在，你有 60 000 个训练样本，批数据集的大小为 200，因此会需要 300 次迭代来完成一轮训练。

```
# Fit the model
model.fit(X_train, y_train, validation_data=(X_test, y_test),
epochs=1, batch_size=200)
```

```
# Evaluate model on test data
    # Final evaluation of the model
    scores =model.evaluate(X_test, y_test, verbose=0)
    print("CNN error: % .2f%%" % (100-scores[1]*100))
    # CNN Error: 17.98%

    # Save the model
    # save model
    model_json= model.to_join()
    with open("model_json", "w") as json_file:
    json_file.write(model_json)
    # serialize weights to HDFS
    model.save_weights("model.h5")
```

8.2　使用 CIFAR-10 数据集搭建图片分类器

本节讲解如何使用 Keras 的 CNN 模型来搭建一个可以对 CIFAR-10 数据集的 10 个标签进行分类的分类器。

> 注意　CIFAR-10 数据集由 60 000 张分属 10 个类别的 32×32 的彩图组成，每个类别有 6 000 张图片。有 50 000 张训练图片，10 000 张测试图片。

```
###########Building CNN Model with CIFAR10 data###################
# plot cifar10 instances
    from keras.datasets import cifar10
```

```
from matplotlib import pyplot
from scipy.misc import toimage
import numpy
from keras.models import Sequential
from keras.layers import Dense
from keras.layers import Dropout
from keras.layers import Flatten
from keras.layers import Conv2D
from keras.layers import MaxPooling2d
#Now we will import some utilities
from keras.utils import np_utils
from keras.layers.normalization import BatchNormalization

#Fixed dimension ordering issue
from keras import backend as K
K.set_image_dim_ordering('th')

# fix random seed for reproducibility
seed=12

numpy.random.seed(seed)
#Preprocess imput data for Keras
# Reshape input data.
# reshape to be [samples][channels][width][height]
X_train=X_train.reshape(X_train.shape[0],3,32,32).
astype('float32')
X_test=X_test.reshape(X_test.shape[0],3,32,32).
astype('float32')

# Z-scoring or Gaussian Normalization
X_train=X_train - np.mean(X_train) / X_train.std()
X_test=X_test - np.mean(X_test) / X_test.std()

# convert 1-dim class arrays to 10 dim class metrices
#one hot encoding outputs
y_train=np_utils.to_categorical(y_train)
y_test-np_utils.to_categorical(y_test)
num_classes=y_test.shape[1]
print(num_classes)
#10

#Define a simple CNN model
print(X_train.shape)
#(50000,3,32,32)
```

8.2.1　定义网络结构

网络结构如下：

- 卷积输入层有 32 个大小为 5×5 的特征映射，激活函数为线性整流单元（ReLU）。
- 最大池化层大小为 2×2。
- 网络带有批量归一化。
- dropout 设为 30%。
- 你可以将层平铺。
- 全连接层具有 240 个单元，激活函数为指数线性单元（ELU）。
- 全连接输出层有 10 个单元，激活函数为 softmax。

这之后，你可以使用训练数据集来拟合模型，可以取批数据集大小为 200。模型从训练数据集中取前 200 个实例 / 行（从第一行到第 200 行）来训练网络。然后再取第二个 200 个实例（从第 201 到第 400 个）来训练网络。就这样，把所有实例都输入到神经网络里。一轮意味着一次前向传递以及一次后向传递所有的训练样本。完成一轮训练要有多次来回迭代。

现在，你有 50 000 个训练样本，批数据集的大小为 200，因此会有 250 次迭代来完成一轮训练。

8.2.2 定义模型架构

序列模型由卷积层和最大池化层组合创建而成，后面再附加一个全连接的密集层。

```
# create a model
    model=Sequential()
    model.add(Conv2D(32, (5,5), input_shape=(3,32,32),
    activation='relu'))

   model.add(MaxPooling2D(pool_size=(2,2)))
   model.add(Conv2D(32, (5,5), activation='relu',
   padding='same'))
   model.add(BatchNormalization())
   model.add(MaxPooling2D(pool_size=(2,2)))
   model.add(Dropout(0.3))      # Dropout, one form of
   regularization
   model.add(Flatten())
```

```
model.add(Dense(240,activation='elu'))
model.add(Dense(num_classes, activation='softmax'))
print(model.output_shape)
model.compile(loss='binary_crossentropy', optimizer='adagrad')
# fit model
model.fit(X_train, y_train, validation_data=(X_test,
y_test), epochs=1, batch_size=200)

# Final evaluation of the model
scores =model.evaluate(X_test, y_test, verbose=0)
print("CNN error: % .2f%%" % (100-scores[1]*100
```

8.3 预训练模型

本节中，我会展示如何使用预训练模型比如 VGG 和 Inception 来构建一个分类器。

```
from keras import applications
from keras,models import Sequential, Model
from keras.applications.vgg16 import VGG16
from keras.applications.vgg16 import preprocess_input,
decode_predictions
from keras.models import Model

model = VGG16(weights='imagenet', include_top=True)
model.summary()

#predicting for any new image based on the pre-trained model
# Loading Image
img = image.load_img('('./Data/horse.jpg', target_size=(224, 224))
img = image.img_to_array(img)
img = np.expand_dims(img, axis=0)
img=preprocess_input(img)

# Predict the output
preds = model.predict(img)

# decode the predictions
pred_class = decode_predictions(preds, top=3)[0][0]
print("Predicted Class: %s" %pred_class[1])
print("Confidence("Confidance: %s"% pred_class[2])
#Predicted Class: hartebeest
#Confidence: 0.964784
ResNet50 and InceptionV3 models can be easily utilized for
prediction/classification of new images.
from keras.applications import ResNet50
model = ResNet50(weights='imagenet' , include_top=True)
model.summary()
```

```
# create the base pre-trained model
from keras.applications import InceptionV3
model = InceptionV3(weights='imagenet')
model.summary
```

Inception-V3 预训练模型可以对 22 000 个类别的物体进行检测或分类。它可以检测或分类碟子、手电筒、雨伞还有一些其他物体。

很多情况下，我们需要按照需求来搭建分类器。为此，我们使用迁移学习，其中用到了预训练模型（用于特征提取）和多个神经元。

第9章 RNN与LSTM

这一章将会讨论循环神经网络（RNN）及其改进版本长短时记忆网络（LSTM）的概念。LSTM主要用于序列预测。你会学到各种各样的序列预测变体并学习如何用LSTM模型来做时间序列的预测。

9.1 循环神经网络的概念

循环神经网络是一类最适合用于从序列数据中识别模式的人工神经网络，序列数据如文本、视频、语音、语言、基因组以及时间序列的数据。RNN是一种强大的算法，它可以完成分类、聚类并对数据（尤其是时间序列和文本）做预测的任务。

RNN可以被看作是一个添加了环状结构的MLP网络。在图9-1中，可以看到其包含一个输入层（有像x_1，x_2等这样的节点）、一个隐层（有像h_1，h_2这样的节点）以及一个输出层（有像y_1，y_2这样的节点）。这类似于MLP的结构。区别在于隐层的节点之间是内连接的。在一个基本的RNN/LSTM中，节点是按照一个方向连接的。这意味着h_2依赖于h_1（和x_2），并且h_3依赖h_2（和x_3）。隐层中的节点取决于隐层中在其之前的节点。

这种结构保证了$t = n$时刻的输出取决于$t = n$，$t = n - 1$，…，和$t = 1$时刻的输入。也就是说，输出依赖于数据的序列而不是单独的一块数据（图9-2）。

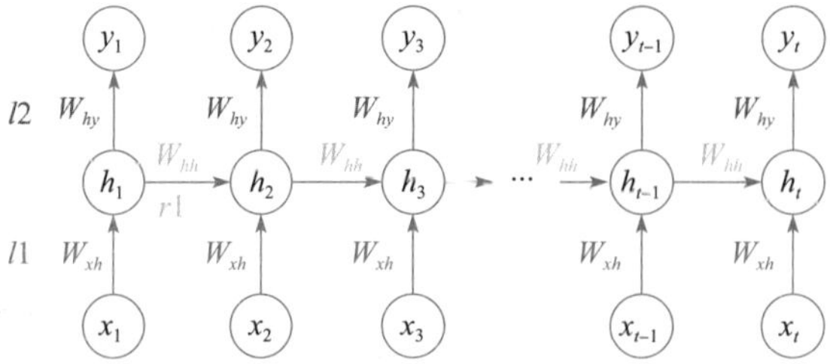

$$h_t = \tanh(l1(x_t)) + r1(h_t - 1)$$
$$y_t = l2(h_t)$$

图 9-1 RNN

(Input1) → Output1

(Input2, Input1)→ Output2

(Input3, Input2, Input1) → Output3

(Input4, Input3, Input2, Input1) → Output4

图 9-2 序列

图 9-3 展示了隐层的节点和输入层节点之间是如何连接的。

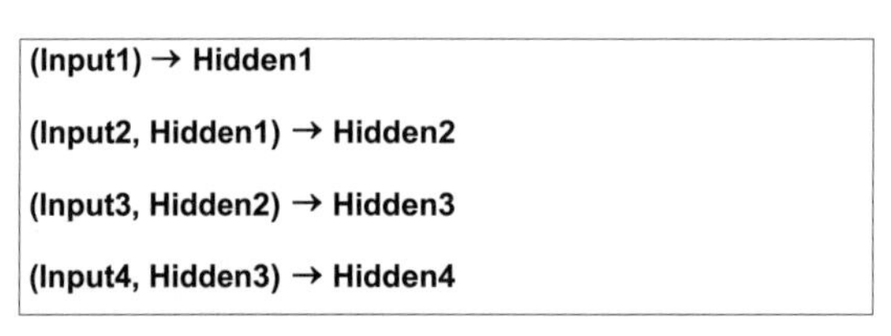

(Input1) → Hidden1

(Input2, Hidden1) → Hidden2

(Input3, Hidden2) → Hidden3

(Input4, Hidden3) → Hidden4

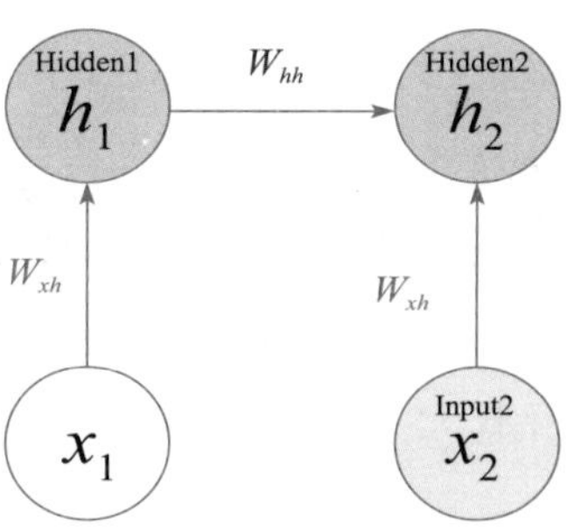

图 9-3 连接

在 RNN 中，如果序列长度非常之长，梯度（对更新权重值和偏置量非常重要）在训练中会被计算（反向传播）。他们或者会消失（与许多个小于 1 的数相乘）或者会爆炸（与许多大于 1 的数相乘），这导致模型的训练非常之慢。

9.2　长短时记忆网络的概念

长短时记忆网络是 RNN 结构的改进版本，它解决了梯度消失和梯度爆炸的问题，完成了在长序列的训练中能保持记忆的功能。所有的 RNN 在循环层中都有反馈的环。反馈的环的存在使得信息在一段时间内的保存成为可能。但是，训练标准的 RNN 来解决长期时间依赖很困难。因为损失函数的梯度随着时间指数衰减（此现象被称为梯度消失的问题），所以很难训练典型的 RNN。这也是为什么 RNN 要被改进，使其包含一个记忆单元，记忆单元可以在长时间内保存信息。改进后的 RNN 就是被人们熟知的 LSTM。在 LSTM 中，信息输入记忆的时候会通过一组门来控制，这解决了梯度消失和梯度爆炸的问题。

在 RNN 连接中添加状态或者记忆单元并允许其学习和约束输入序列中观察到的有序结构。内部的记忆意味着神经网络的输出是条件依赖于最近的输入序列的，而不是输入的内容的简单呈现。

9.3　LSTM 常见模式

LSTM 可以有以下几种模式：

- 一对一模型
- 一对多模型
- 多对一模型
- 多对多模型

除了这些模式之外，同步的多对多模型也会被使用，尤其是对于视频分类的问题。

图 9-4 展示了多对一的 LSTM。这意味着在这个模型中很多输入产生一个输出。

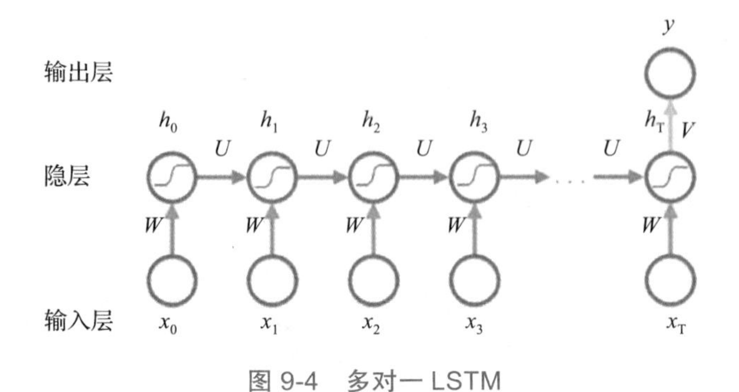

图 9-4　多对一 LSTM

9.4　序列预测

LSTM 最适合用于序列数据。LSTM 可以预测、分类并且生成序列数据。序列是指一个观测值序列，而不是一组观测值。一个序列的例子是测试序列，时间戳和值按序（时间顺序）排列。另一个例子就是视频，可以被看作是图片和音频片段的序列。

基于数据序列的预测被称为是序列预测。序列预测有四种类型。

- 数字序列预测
- 序列分类
- 序列生成
- 序列到序列的预测

9.4.1　数字序列预测

数字序列预测是对一个给定序列的下一个值进行预测。它被用于股票市场和天气的预测。如下是一个例子：

- 输入序列：3, 5, 8, 12
- 输出：17

9.4.2 序列分类

序列分类是对一个给定的序列预测其类别标签。它被用于欺诈检测（使用交易序列作为输入来分类或者预测一个账户是不是被攻击了）；根据学生表现进行分类评级（过去六个月时间顺序的考试分数）。这里给个例子：

- 输入序列：2, 4, 6, 8
- 输出："升序"

9.4.3 序列生成

序列生成是指生成一个和输入语料库中的输入序列具有相同特性的新的输出序列。使用的场景有文本生成（给定100行博客，生成博客的下一行）及音乐生成（给定音乐的例子，生成新的音乐片段）。如下是一个例子：

- 输入序列：[3, 5, 8, 12], [4, 6, 9, 13]
- 输出：[5, 7, 10, 14]

9.4.4 序列到序列预测

序列到序列预测是指对于一个给定的序列预测下一个序列。它使用的场景是自动文摘和多步时间序列预测（预测一个数字序列）。如下是一个例子：

- 输入序列：[3, 5,8, 12, 17]
- 输出：[23, 30, 38]

就像之前提到的，LSTM 在商业活动中被用于时间序列的预测。

我们来过一遍 LSTM 模型。假定给定一个 CSV 文件，其第一列是时间戳，第二列为对应的值。它可以代表一个传感器（IoT）数据。

给定时间序列数据，你需要对未来的值进行预测。

9.5　利用 LSTM 模型处理时间序列预测问题

下面是一个用 LSTM 做时间序列预测的完整例子：

```
# Simple LSTM for a time series data
import numpy as np
import matplotlib.pyplot as plt
from pandas import read_csv
import math
from keras.models import Sequential
from keras.layers import Dense
from keras.layers import LSTM
from sklearn.preprocessing import StandardScaler
from sklearn.metrics import mean_squared_error
import pylab

# convert an array of values into a timeseries data
def create_timeseries(series, ts_lag=1):
    dataX = []
    dataY = []
    n_rows = len(series)-ts_lag
    for i in range(n_rows-1):
        a = series[i:(i+ts_lag), 0]
        dataX.append(a)
```

```
        dataY.append(series[i + ts_lag, 0])

        X, Y = np.array(dataX), np.array(dataY)
        return X, Y
    # fix random seed for reproducibility
    np.random.seed(230)
    # load dataset
    dataframe = read_csv('sp500.csv', usecols=[0])
    plt.plot(dataframe)
    plt.show()
```

图 9-5 展示了数据绘图。

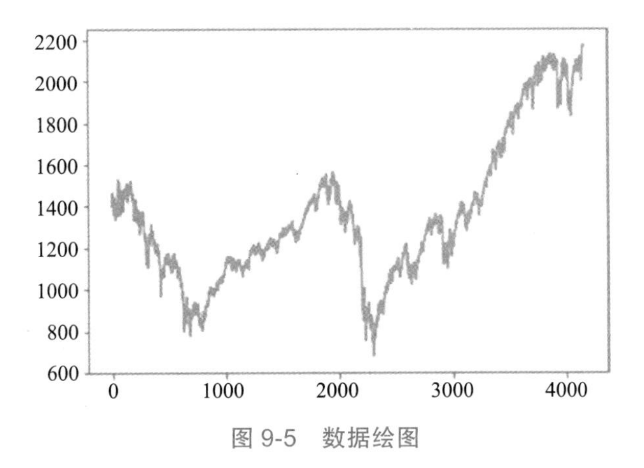

图 9-5　数据绘图

这里是更多的代码：

```
# Changing datatype to float32 type
series = dataframe.values.astype('float32')

# Normalize the dataset
scaler = StandardScaler()
series = scaler.fit_transform(series)

# split the datasets into train and test sets
train_size = int(len(series) * 0.75)
test_size = len(series) - train_size
train, test = series[0:train_size,:], series[train_
size:len(series),:]

# reshape the train and test dataset into X=t and Y=t+1
ts_lag = 1
trainX, trainY = create_timeseries(train, ts_lag)
```

```
testX, testY = create_timeseries(test, ts_lag)

# reshape input data to be [samples, time steps, features]
trainX = np.reshape(trainX, (trainX.shape[0], 1, trainX.
shape[1]))
testX = np.reshape(testX, (testX.shape[0], 1, testX.shape[1]))

# Define the LSTM model
model = Sequential()
model.add(LSTM(10, input_shape=(1, ts_lag)))
model.add(Dense(1))
model.compile(loss='mean_squared_logarithmic_error',
optimizer='adagrad')

# fit the model
model.fit(trainX, trainY, epochs=500, batch_size=30)
# make predictions
trainPredict = model.predict(trainX)
testPredict = model.predict(testX)

# rescale predicted values
trainPredict = scaler.inverse_transform(trainPredict)
trainY = scaler.inverse_transform([trainY])
testPredict = scaler.inverse_transform(testPredict)
testY = scaler.inverse_transform([testY])

# calculate root mean squared error
trainScore = math.sqrt(mean_squared_error(trainY[0],
trainPredict[:,0]))
print('Train Score: %.2f RMSE' % (trainScore))
testScore = math.sqrt(mean_squared_error(testY[0],
testPredict[:,0]))
print('Test Score: %.2f RMSE' % (testScore))

# plot baseline and predictions
pylab.plot(trainPredictPlot)
pylab.plot(testPredictPlot)
pylab.show()
```

在图 9-6 中，你可以看到时间序列的真实值和预测值绘图对比。橙色部分是训练数据，蓝色部分是测试数据，绿色部分为预测的输出。

到目前为止，我们学习了 RNN、LSTM 以及用 LSTM 模型预测时间序列的内容。

LSTM 已经被用在文本分类中。我们使用 LSTM（普通 LSTM 或者双向 LSTM）来搭建文本分类器。首先，文本语料库会通过词（语义）嵌入比如 word2vec 或者 glove）

被转换成数字。然后，序列分类通过 LSTM 来完成。这个方法相对于一般的词袋或者 tf-dif 之后跟一个类似 SVM、随机森林这样的 ML 分类器的方法有着更高的准确率。在第 11 章中，我们会看到 LSTM 如何被用作一个分类器。

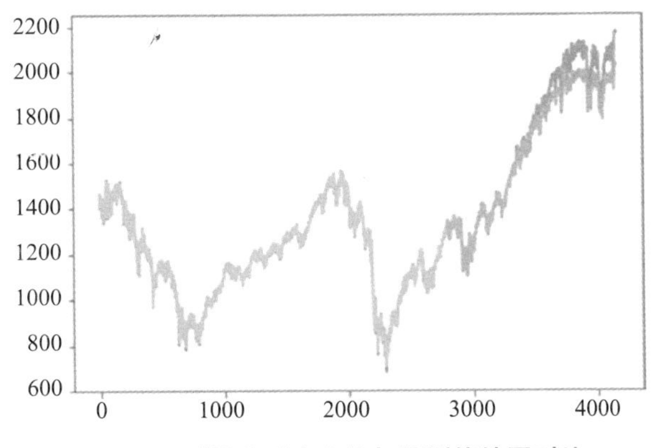

图 9-6　时间序列真实值与预测值绘图对比

第 10 章 语音 – 文本转换及其逆过程

在这一章，你将会学习到语音 – 文本和文本 – 语音转换的重要性。同样你也将会学习完成这些转换所需的函数和组件。

特定的，我将会阐述以下内容：

- 为什么需要将语音转换成文本
- 语音数据
- 将语音映射为矩阵的语音特征
- 声谱图，它们将语音映射为图像
- 利用梅尔频率倒谱系数（MFCC）特征构建语音识别分类器
- 利用声谱图构建语音识别分类器
- 语音识别的开源方法
- 流行的认知服务供应商
- 文本语音的未来

10.1 语音 – 文本转换

语音 – 文本转换，用通俗的话来讲，指的是识别人所说的话语并将声音转换为记录的文字的过程。有若干原因使得人们希望将语音转为文本：

- 盲人或者有其他生理缺陷的人仅可以通过语音来控制不同的设备
- 通过将口语会话转换成文本，可以记录会议或者其他重大事件
- 可以将视频中的音轨和音频文件转换为字幕
- 你可以将一段话转换为其他语言，通过对着一个翻译设备讲话，然后该设备将识别的文字翻译到其他语言的文字，然后合成声音。

10.2　语音数据

构建自动语音识别系统的第一步是获取语音特征。换句话说，你需要甄别出那些在语音波形中对识别语言内容有用处的分量，剔除那些无用的背景噪音。

每个人的发声都会被声道的形状和舌头、牙齿的位置所过滤。发出的声音由这些形状决定。为了准确地识别出所产生的音素，你需要准确地确定出这些形状。你可以说声道的形状利用它自己形成了短时功率谱的包络。MFCC 的作用就是来精确表达这些包络的。

语音也可以通过转换成声谱图来表示为数据（图 10-1）。

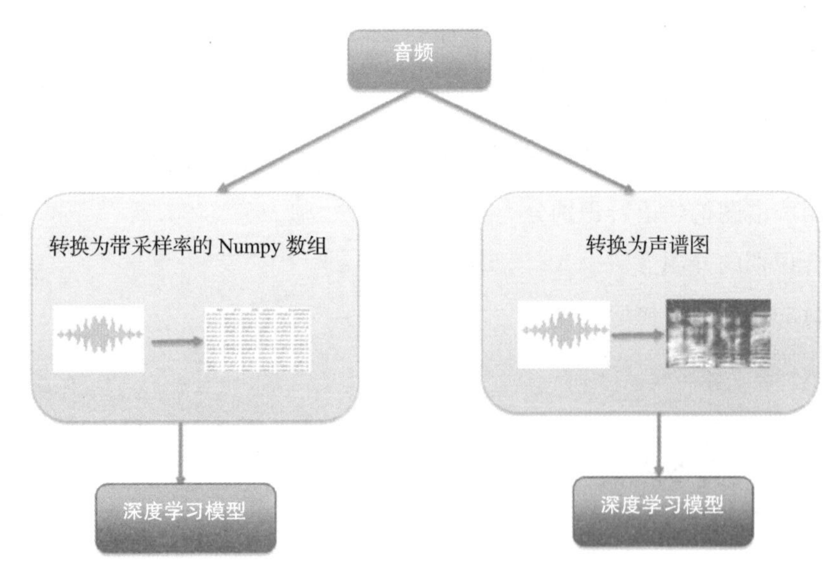

图 10-1　语音数据

10.3　语音特征：将语音映射为矩阵

MFCC 在自动语音识别和说话人识别中被广泛使用。梅尔标度将一段纯音的感知频率，或者说音高，与实际测量频率联系在了一起 .

利用如下的公式，你可以将一段声音从频率标度转换到梅尔标度：

$$M(f)=1125\ln(1+f/700)$$

如果要从梅尔标度转回频率标度，则可以用下面的公式：

$$M^{-1}(m) = 700(\exp(m/1125)-1)$$

下面是 Python 中提取 MFCC 特征的函数：

```
def mfcc(signal,samplerate=16000,winlen=0.025,winstep=0.01,
        numcep=13, nfilt=26,nfft=512,lowfreq=0,highfreq=None,
        preemph=0.97, ceplifter=22,appendEnergy=True)
```

其中的函数参数有：

- `signal`：需计算 MFCC 特征的输入信号，其必须是形状为 $N\times1$ 的数组（通常由读取 WAV 文件而来）
- `samplerate`：输入信号的采样率
- `winlen`：分析信号时的窗口长度（s），默认为 0.025s
- `winstep`：连续两个窗口间的间隔，默认为 0.01s
- `numcep`：函数返回的倒谱个数，默认为 13
- `nfilt`：滤波器组中的滤波器个数，默认为 26
- `nfft`：快速傅里叶变换（FFT）的大小，默认为 512
- `lowfreq`：最低通带边缘（Hz），默认为 0
- `highfreq`：最高通带边缘（Hz），默认为采样率除以 2
- `preemph`：预加重滤波器的预加重系数，等于 0 意味着无预加重滤波器，默认为 0.97

- ceplifter：为最终倒谱系数应用提升器，0 表示无提升器，默认为 22
- appendEnergy：如果为真，则将第零个倒谱系数替换为总帧能量的对数

10.4　声谱图：将语音映射为图像

声谱图是频谱的光学或电子学表示。此处的想法是将音频文件转换为图像，并将这些图像传入深度学习模型，例如 CNN 和 LSTM，来做分析和分类。

声谱图是由窗口化的数据片段的 FFT 构成的一个序列。其常见的格式是包含两个几何维度的图，一个轴代表时间，另一个轴则代表频率。可引入第三维，用颜色或者点的大小来表示在特定时刻某个频率的信号分量的幅值大小。声谱图通常可由两种方式来构建。它们可以近似为由一系列低通滤波器表示的滤波器组，或者利用 Python 直接函数将音频映射为声学谱。

10.5　利用 MFCC 特征构建语音识别分类器

为构建语音识别分类器，你需要安装 Python 包 python_speech_features。

你可以运行命令 pip install python_speech_features 来安装这个包。

mfcc 函数可以为一个音频文件生成一个特征矩阵。为了构建一个识别不同说话人声音的分类器，你需要将这些人的声音数据采录为 WAV 格式的语音数据，然后利用 mfcc 函数将这些音频文件转换成矩阵。从 WAV 文件中提取特征的代码如下所示：

```
from python_speech_features import mfcc
from python_speech_features import delta
from python_speech_features import logfbank
import scipy.io.wavfile as wav

(samplerate,signal) = wav.read("audio.wav")
mfccfeatures = mfcc(signal,samplerate)
dmfccfeature = delta(mfccfeatures, 2)
fbankfeature = logfbank(signal,samplerate)

print(fbankfeature)
```

如果你运行上面的代码，会得到如下的输出：

```
[[ 7.66608682  7.04137131  7.30715423 ...,  9.43362359  9.11932984
   9.93454603]
 [ 4.9474559   4.97057377  6.90352236 ...,  8.6771281   8.86454547
   9.7975147 ]
 [ 7.4795622   6.63821063  5.98854983 ...,  8.78622734  8.805521
   9.83712966]
 ...,
 [ 7.8886269   6.57456605  6.47895433 ...,  8.62870034  8.79965464
   9.67997298]
 [ 5.73028657  4.87985847  6.64977329 ...,  8.64089442  8.62887745
   9.90470194]
 [ 8.8449656   6.67098127  7.09752316 ...,  8.84914694  8.97807983
   9.45123015]]
```

在这里，每一行代表一个特征向量。

尽可能多地收集一个人的录音，并将音频数据的特征矩阵追加到这个矩阵中。

这个特征矩阵就是你的训练数据集。

对于其他的类别，可重复这个过程得到训练数据集。

一旦数据集准备好后，你可以用任何深度学习分类模型来构建这个区分不同说话人的分类器。

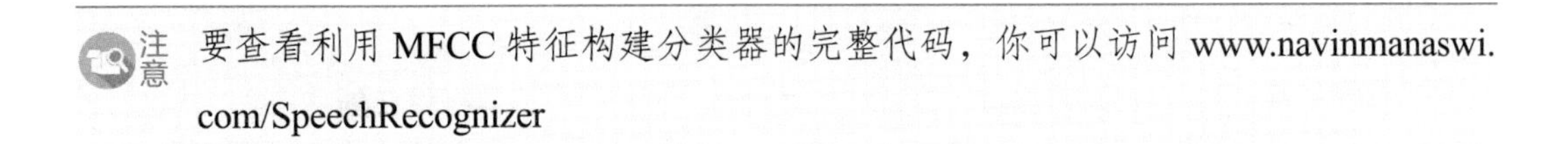

注意　要查看利用 MFCC 特征构建分类器的完整代码，你可以访问 www.navinmanaswi.com/SpeechRecognizer

10.6　利用声谱图构建语音识别分类器

利用声谱图，只需要将音频文件转换为图像（图 10-2），因此你所需要做的就是将训练数据中的音频文件转为图像，并将这些图像馈入到深度学习模型中，如同你在 CNN 中所做的那样。

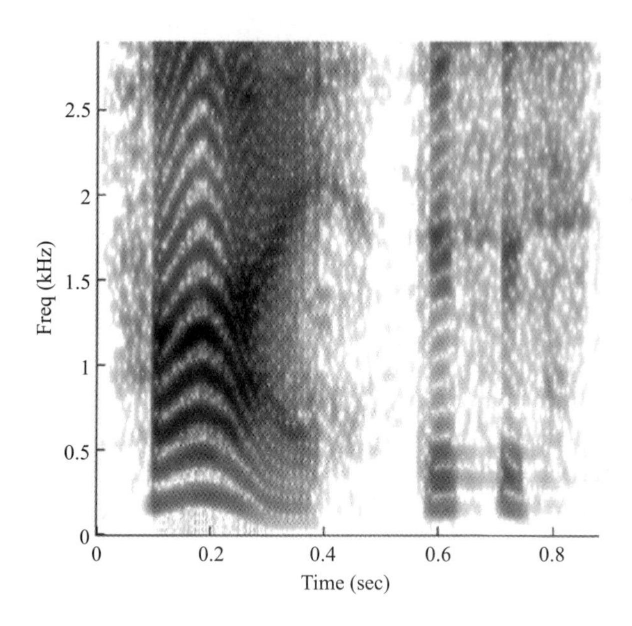

图 10-2 语音样本声谱图

下面是将一个音频文件转为声谱图的 Python 代码：

```
import matplotlib.pyplot as plt
from scipy import signal
from scipy.io import wavfile

sample_rate, samples = wavfile.read('monoAudioFile.wav')
frequencies, times, spectogram = signal.spectrogram(samples, sample_rate)

plt.imshow(spectogram)
plt.ylabel('Freq(kHz)')
plt.xlabel('Time (sec)')
plt.show()
```

10.7 开源方法

进行语音 – 文本和文本 – 语音的转换，有很多开源的 Python 包可用。

如下是一些语音 – 文本转换的开源 API：

- PocketSphinx
- Google Speech

- Google Cloud Speech
- Wit.ai
- Houndify
- IBM Speech to Text API
- Microsoft Bing Speech

作为这些 API 都使用过的人，我能说这些 API 都很不错，特别是对美式口音识别得很好。

如果你对评估转换的准确率感兴趣，你需要了解一个度量：词错误率（WER）。

在第 10.8 节，我会讨论上面提到的这些 API。

10.8　使用 API 的例子

让我们来浏览一下上述 API。

10.8.1　使用 PocketSphinx

PocketSphinx 是一个用于语言—文本转换的开源 API。它是一个轻量级的语音识别引擎，尽管在桌面端也能很好地工作，它还专门为手持和移动设备做过调优。可以通过运行命令 `pip install PocketSphinx` 来安装这个包。

```
import speech_recognition as sr
from os import path
AUDIO_FILE = "MyAudioFile.wav"

r = sr.Recognizer()
with sr.AudioFile(AUDIO_FILE) as source:
 audio = r.record(source)

try:
   print("Sphinx thinks you said " + r.recognize_sphinx(audio))
except sr.UnknownValueError:
   print("Sphinx could not understand audio")
except sr.RequestError as e:
```

```
  print("Sphinx error; {0}".format(e))
================================================================
```

10.8.2　使用 Google Speech API

Google 提供了它自己的 Speech API，可在 Python 代码中实现并用来构建各种应用。

```
# recognize speech using Google Speech Recognition
try:
    print("Google Speech Recognition thinks you said " +
    r.recognize_google(audio))
except sr.UnknownValueError:
    print("Google Speech Recognition could not understand audio")
except sr.RequestError as e:
    print("Could not request results from Google Speech
    Recognition service;{0}".format(e))
```

10.8.3　使用 Google Cloud Speech API

你也可以使用 Google Cloud Speech API 来做语音的转换。在 Google Cloud 上新建账号并拷贝证书。

```
GOOGLE_CLOUD_SPEECH_CREDENTIALS = r"INSERT THE CONTENTS OF THE
GOOGLE CLOUD SPEECH JSON CREDENTIALS FILE HERE" try:
     print("Google Cloud Speech thinks you said " +
     r.recognize_google_cloud(audio, credentials_json=GOOGLE_
     CLOUD_SPEECH_CREDENTIALS))
except sr.UnknownValueError:
    print("Google Cloud Speech could not understand audio")
except sr.RequestError as e:
    print("Could not request results from Google Cloud Speech
    service; {0}".format(e))
```

10.8.4　使用 Wit.ai API

Wit.ai API 使得你能构造一个语音—文本转换器。你需要新建一个账号并新建一个项目。复制 Wit.ai 密钥，然后开始编程。

```
#recognize speech using Wit.ai
WIT_AI_KEY = "INSERT WIT.AI API KEY HERE" # Wit.ai keys are
32-character uppercase alphanumeric strings
```

```
try:
    print("Wit.ai thinks you said " + r.recognize_wit(audio,
    key=WIT_AI_KEY))
except sr.UnknownValueError:
    print("Wit.ai could not understand audio")
except sr.RequestError as e:
    print("Could not request results from Wit.ai service; {0}".
    format(e))
```

10.8.5　使用 Houndify API

和前面的 API 类似，你需要在 Houndify 新建一个账号，然后获取你的客户端 ID 和密钥。完成之后你就可以构建一个响应语音请求的应用。

```
# recognize speech using Houndify
HOUNDIFY_CLIENT_ID = "INSERT HOUNDIFY CLIENT ID HERE"
# Houndify client IDs are Base64-encoded strings
HOUNDIFY_CLIENT_KEY = "INSERT HOUNDIFY CLIENT KEY HERE"
# Houndify client keys are Base64-encoded strings
try:
    print("Houndify thinks you said " + r.recognize_
    houndify(audio, client_id=HOUNDIFY_CLIENT_ID, client_
    key=HOUNDIFY_CLIENT_KEY))
except sr.UnknownValueError:
    print("Houndify could not understand audio")
except sr.RequestError as e:
    print("Could not request results from Houndify service;
    {0}".format(e))
```

10.8.6　使用 IBM Speech to Text API

IBM Speech to Text API 使得你能够在你的应用中加入 IBM 的语音识别能力。登录到 IBM 云，启动你的项目以获得 IBM 账号和密码。

```
# IBM Speech to Text
# recognize speech using IBM Speech to Text
IBM_USERNAME = "INSERT IBM SPEECH TO TEXT USERNAME HERE" # IBM
Speech to Text usernames are strings of the form XXXXXXXX-XXXX-
XXXX-XXXX-XXXXXXXXXXXX

IBM_PASSWORD = "INSERT IBM SPEECH TO TEXT PASSWORD HERE" # IBM
Speech to Text passwords are mixed-case alphanumeric strings
try:
```

```
    print("IBM Speech to Text thinks you said " + r.recognize_
    ibm(audio, username=IBM_USERNAME, password=IBM_PASSWORD))
except sr.UnknownValueError:
    print("IBM Speech to Text could not understand audio")
except sr.RequestError as e:
    print("Could not request results from IBM Speech to Text
    service; {0}".format(e))
```

10.8.7　使用 Bing Voice Recognition API

这个 API 实时地识别来自麦克风的语言信号。在 Bing.com 新建一个账号，然后获取 Bing Voice Recognition API 的密钥。

```
# recognize speech using Microsoft Bing Voice Recognition
BING_KEY = "INSERT BING API KEY HERE" # Microsoft Bing Voice
Recognition API key is 32-character lowercase hexadecimal
strings
try:
    print("Microsoft Bing Voice Recognition thinks you said " +
    r.recognize_bing(audio, key=BING_KEY))
except sr.UnknownValueError:
    print("Microsoft Bing Voice Recognition could not
    understand audio")
except sr.RequestError as e:
    print("Could not request results from Microsoft Bing Voice
    Recognition service; {0}".format(e))
```

在你完成语音到文本的转换后，你没太可能期望得到 100% 的转换准确率。为了测量准确率，你可以使用 WER。

10.9　文本 – 语音转换

本节聚焦在如何将文本转换成音频文件。

10.9.1　使用 pyttsx

使用名为 `pyttsx` 的 Python 包，你可以将文本转换为音频。

```
Do a pip install pyttsx. If you are using python 3.6 then do
```

```
pip3 install pyttsx3.

import pyttsx
engine = pyttsx.init()
engine.say("Your Message")
engine.runAndWait()
```

10.9.2　使用 SAPI

在 Python 中，你也可以使用 SAPI 来做文本到语音的转换。

```
from win32com.client import constants, Dispatch
Msg = "Hi this is a test"
speaker = Dispatch("SAPI.SpVoice")  #Create SAPI SpVoice Object
speaker.Speak(Msg)                  #Process TTS
del speaker
```

10.9.3　使用 SpeechLib

使用 SpeechLib，你可以从文本文件中获取输入，再将其转换为音频，如下所示：

```
from comtypes.client import CreateObject
engine = CreateObject("SAPI.SpVoice")

stream = CreateObject("SAPI.SpFileStream")
from comtypes.gen import SpeechLib
infile = "SHIVA.txt"
outfile = "SHIVA-audio.wav"
stream.Open(outfile, SpeechLib.SSFMCreateForWrite)
engine.AudioOutputStream = stream
f = open(infile, 'r')
theText = f.read()
f.close()
engine.speak(theText)
stream.Close()
```

在很多情况下，需要编辑音频信号以便从音频文件中移除某个声音。下一节将展示如何做到这一点。

10.10　音频剪辑代码

生成一个 CSV 音频文件，其中包含了由逗号分隔的描述音频细节的值，然后在

Python 中做如下的操作：

```
import wave
import sys
import os
import csv
origAudio = wave.open('Howard.wav', 'r') #change path
frameRate = origAudio.getframerate()
nChannels = origAudio.getnchannels()
sampWidth = origAudio.getsampwidth()
nFrames   = origAudio.getnframes()

filename =  'result1.csv' #change path

exampleFile = open(filename)
exampleReader = csv.reader(exampleFile)
exampleData = list(exampleReader)

count = 0

for data in exampleData:
 #for selections in data:
    print('Selections ', data[4], data[5])
    count += 1
    if data[4] == 'startTime' and data[5] == 'endTime':
        print('Start time')
    else:
        start = float(data[4])
        end = float(data[5])
        origAudio.setpos(start*frameRate)
        chunkData = origAudio.readframes(int((end-
        start)*frameRate))
        outputFilePath = 'C:/Users/Navin/outputFile{0}.wav'.
        format(count) # change path
        chunkAudio = wave.open(outputFilePath, 'w')
        chunkAudio.setnchannels(nChannels)
        chunkAudio.setsampwidth(sampWidth)
        chunkAudio.setframerate(frameRate)
        chunkAudio.writeframes(chunkData)
        chunkAudio.close()
```

10.11　认知服务提供商

让我们来看看一些辅助语音处理的认知服务提供商。

10.11.1 Microsoft Azure

Microsoft Azure 提供以下服务：

- Custom Speech Service：可克服说话风格、词表大小、背景噪声等语言识别中的障碍。
- Translator Speech API：提供实时的语音翻译。
- Speaker Identification API：可根据给定的语音数据中的一段样本鉴别不同的说话人。
- Bing Speech API：将语音转为文字、识别意图以及将文字转换为自然的语音。

10.11.2 Amazon Cognitive Services

Amazon Cognitive Services 提供将文本合成为语音的 Amazon Polly 服务。Amazon Polly 可以让你实现一个发声的应用，让你创建一类全新的语言类产品。

- 可使用 47 种声音和 24 种语言，并有印式英语可供选择。
- 耳语、发怒等语调，可加入特定的语音片段中。
- 你可以命令系统用不同的方式读特定的单词或短语。例如，“W3C”可以读作 World Wide Web Consortium，但你可以让系统直接读出首字母缩写。你也可以从 SSML 文件中读取输入。

10.11.3 IBM Watson Services

IBM 沃森有如下两种服务：

- Speech to text：美式英语、西班牙语和日语。
- Text to speech：美式英语、英式英语、西班牙语、法语、意大利语和德语。

10.12 语音分析的未来

语音识别技术已取得了长足的进展。每相比于前一年，识别准确率每年都有约

10% ～ 15% 的提升。在未来，语音识别将为计算机提供大部分的交互式接口。

在市场上，你很快将会见到很多应用，包括交互式书籍、机器人控制和自动驾驶接口。语音数据提供了很多令人兴奋的可能性，因为它是行业的未来。语音智能使得人们能够做之前任何必须用手敲文字才能完成的工作，如传递消息、获取或下达命令、响应投诉等。它提供了一个非凡的客户体验，或许这就是为什么这么多面向客户的部门和业务都倾向于频繁地使用语音应用。我能看到语音应用服务开发者们光明的未来。

11 CHAPTER

第11章
创建聊天机器人

通过文本或语音的方式，可作为人与机器交互接口的人工智能系统被称为聊天机器人。

与聊天机器人的交互可能是直接的，也可能是复杂的。一个直接交互的例子可能是查询最近的新闻。当试图解决某个问题时，例如你的 Android 手机的问题，这种交互就变得复杂了。在过去几年，聊天机器人这个概念大受欢迎，并已经成长为实现用户交互与参与的最优先平台。聊天机器人的加强版机器人，可以帮助自动完成原本需要用户去执行的那些任务。

本章将会是一个包罗万象的引导，介绍什么是、如何、何地、何时、以及为什么要使用聊天机器人。

特定地，我将会介绍如下内容：

- 为什么需要使用聊天机器人
- 聊天机器人的设计与功能
- 构建聊天机器人的步骤
- 使用 API 开发聊天机器人
- 聊天机器人的最佳实践

11.1　为什么是聊天机器人

对于聊天机器人来说，理解用户寻找的是什么非常重要，这被称之为意图。假设用户需要知道最近的素餐馆，用户可能会通过多种方式来问这个问题。聊天机器人（特别是聊天机器人中的意图分类器）必须能够理解意图，因为用户需要知道正确的答案。事实上，为了给出正确答案，聊天机器人必须能够理解语境、意图、实体和情感。聊天机器人必须理解到对话中讨论的是什么问题。举个例子，用户可能会问“那儿的印度鸡肉香饭是什么价格”。尽管用户问的是价格，聊天引擎可能会误解，以为用户在寻找一个餐馆。因此，聊天机器人可能会回答出一个餐馆名。

11.2　聊天机器人的设计和功能

通过人工智能应用，聊天机器人与人类进行智能对话。

对话发生的媒介，要么是口语，要么是文字。Facebook Messenger、Slack 和 Telegram 都在使用聊天机器人消息平台。它们被用作多种目的，包括在线订购产品、投资和管理理财产品等。聊天机器人最重要的方面是将语境对话变成了可能。聊天机器人与用户聊天的方式，如同人类之间日常生活中的聊天一样。尽管聊天机器人根据语境聊天是可能的，但就每件事和任何事都能根据语境来交流还有很长的路要走。聊天接口正在试图利用语言将机器和人联系起来，通过基于语境的方式提供信息，帮助人们方便地完成很多事情。

同时，聊天机器人正在重新定义商业活动的进行方式。从招揽顾客加入商业生态到为顾客提供关于产品及其特性的各种信息，聊天机器人正在提升所有这些环节。它们作为最便捷的方式在不断地出现，以令人愉悦的方式实时处理顾客的问题。

11.3　构建聊天机器人的步骤

聊天机器人是用来与用户交流的，并给用户一种是与人在交流而不是与机器人在交流的感觉。但当用户输入时，经常没有按正确的方式来输入。换句话说，他们可能会输入不必要的标点符号，或者会以不同的方式问同样的问题。

例如，对于问题“我附近的餐馆”，一个用户可能会输入“我旁边的餐馆”或者“寻找附近的餐馆”。

因此，你需要预处理数据，使得聊天机器人引擎能很容易理解数据。图 11-1 展示了这个过程，接下来的几节会详细阐述。

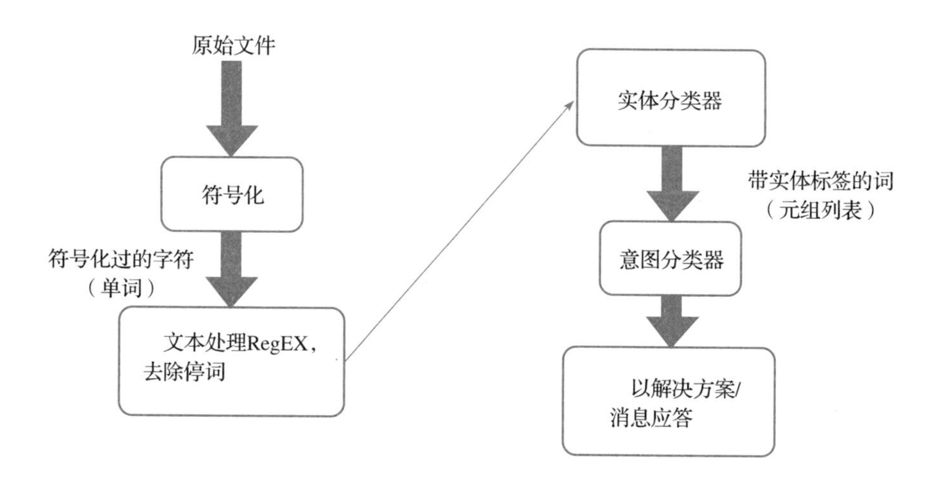

图 11-1　聊天机器人处理输入字符并给出有效回复流程图

11.3.1　预处理文本和消息

预处理文本和消息包括若干步骤，如下所述。

符号化

将句子切分为单个的单词（称为符号）的过程称为符号化。在 Python 中，一般一个字符串符号化后会被存储在一个列表中。

例如，句子“Artificial intelligence is all about applying mathematics”会变成 [“Artificial”“intelligence”“is”“all”“about”“applying”“mathematics”]。

示例代码如下：

```
from nltk.tokenize import TreebankWordTokenizer
l = "Artificial intelligence is all about applying mathematics"
token = TreebankWordTokenizer().tokenize(l)
print(token)
```

去除标点符号

你也可以移除句子中不必要的标点。

例如句子“Can I get the list of restaurants, which gives home delivery.”变成了“Can I get the list of restaurants which gives home delivery.”。

示例代码如下：

```
from nltk.tokenize import TreebankWordTokenizer
from nltk.corpus import stopwords
l = "Artificial intelligence is all about applying
mathematics!"
token = TreebankWordTokenizer().tokenize(l)
output = []
output = [k for k in token if k.isalpha()]
print(output)
```

去除停词

停词是一个句子中那些移除后对原意影响不大的词语。尽管句子的结构发生了变化，去停词在自然语言理解（NLU）中非常重要。

例如，句子“Artificial intelligence can change the lifestyle of the people.”在去停词后变成了“Artificial intelligence change lifestyle people.”。

下面是示例代码：

```
from nltk.tokenize import TreebankWordTokenizer
from nltk.corpus import stopwords
l = "Artificial intelligence is all about applying mathematics"
token = TreebankWordTokenizer().tokenize(l)
stop_words = set(stopwords.words('english'))
```

```
output= []
for k in token:
    if k not in stop_words:
        output.append(k)
print(output)
```

哪些词可以被认为是停词是可以变化的，NLTK（Natural Language Toolkit）和 Google 等提供了一些预定义的停词集合。

命名实体识别

命名实体识别（NER），也被称为实体识别，是将文本中的实体分类为预定义类别的过程，例如国家名、人名等。你也可以自定义分类类别。

例如，将命名实体识别应用到“Today's India vs Australia cricket match was fantastic.”这个句子，将会给出如下的输出：

[Today's]Time [India] Country vs [Australia] Country [cricket] Game match was fantastic.

为了运行 NER 的代码，你需要下载和导入必要的包，这将会在下面提到。

使用斯坦福 NER

为了运行代码，请下载文件 `english.all.3class.distsim.crf.ser.gz` 和 `stanford-ner.jar`。

```
from nltk.tag import StanfordNERTagger
from nltk.tokenize import word_tokenize

StanfordNERTagger("stanford-ner/classifiers/english.all.3class.
distsim.crf.ser.gz",
"stanford-ner/stanford-ner.jar")

text = "Ron was the founder of Ron Institute at New york"
text = word_tokenize(text)
ner_tags = ner_tagger.tag(text)

print(ner_tags)
```

使用预训练的 MITIE NER

下载 MITIE 的 `ner_model.dat` 文件来运行下面的代码：

```
from mitie.mitie import *
from nltk.tokenize import word_tokenize

print("loading NER model...")
ner = named_entity_extractor("mitie/MITIE-models/english/
ner_model.dat".encode("utf8"))

text = "Ron was the founder of Ron Institute at New york".
encode("utf-8")
text = word_tokenize(text)

ner_tags = ner.extract_entities(text)
print("\nEntities found:", ner_tags)

for e in ner_tags:
        range = e[0]
        tag = e[1]
        entity_text = " ".join(text[i].decode() for i in range)
        print( str(tag) + " : " + entity_text)
```

使用自训练的 MITIE NER

下载 MITIE（https://github.com/mit-nlp/MITIE）的 `total_word_feature_extractor.dat` 文件来运行此代码。

```
from mitie.mitie import *

sample = ner_training_instance([b"Ron", b"was", b"the", b"founder",
b"of", b"Ron", b"Institute", b"at", b"New", b"York", b"."])

sample.add_entity(range(0, 1), "person".encode("utf-8"))
sample.add_entity(range(5, 7), "organization".encode("utf-8"))
sample.add_entity(range(8, 10), "Location".encode("utf-8"))

trainer = ner_trainer("mitie/MITIE-models/english/total_word_
feature_extractor.dat".encode("utf-8"))

trainer.add(sample)

ner = trainer.train()

tokens = [b"John", b"was", b"the", b"founder", b"of", b"John",
b"University", b"."]
entities = ner.extract_entities(tokens)
```

```
print ("\nEntities found:", entities)
for e in entities:
      range = e[0]
      tag = e[1]
      entity_text = " ".join(str(tokens[i]) for i in range)
      print ("    " + str(tag) + ": " + entity_text)
```

意图分类

意图分类是 NLU 中的步骤，这个过程试图理解用户的需求。如下是两个输入到聊天机器人中寻找附近位置的例子：

- “我需要买杂货”：这个意图是要寻找附近的零售店。
- “我想要吃素食”：这个意图则是要寻找附近的餐厅，最好是素食类的。

基本上来说，你需要理解用户在寻找什么，并据此将需求分类为特定的意图类别（图 11-2）。

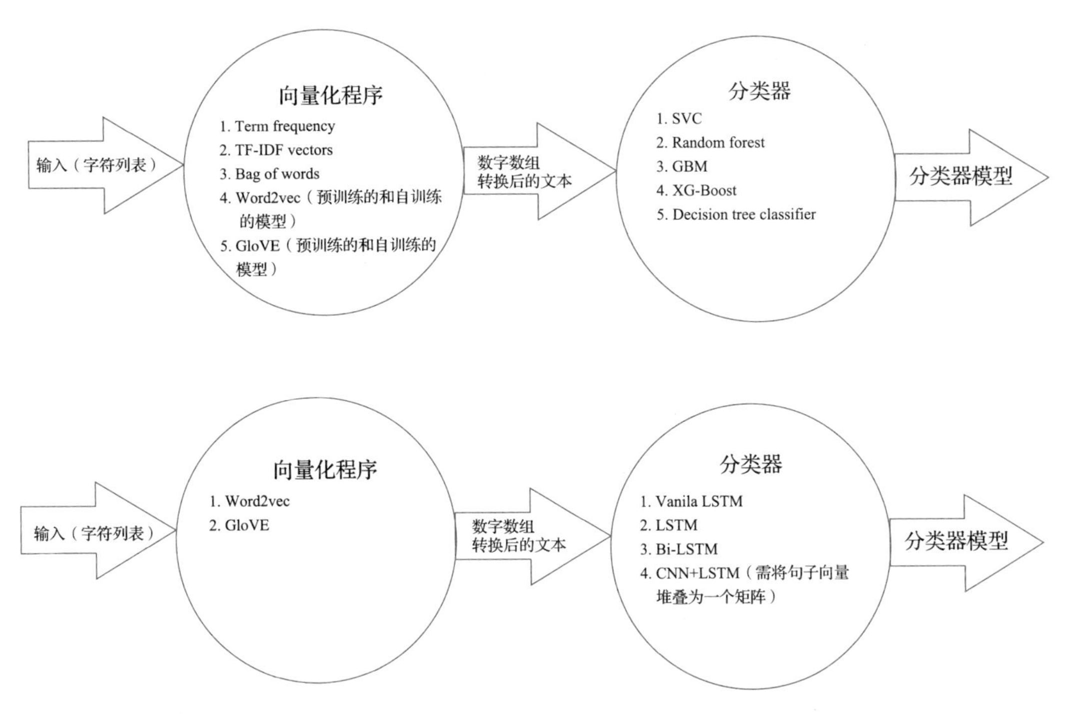

图 11-2　意图分类一般流程，从句子到向量再到模型

为了完成这个过程，你需要训练一个算法模型来将请求分类为意图，从句子到向量再到模型。

词嵌入

词嵌入是将文本转为数字的技术。直接在文本上应用算法很困难，因此需要将文本转为数字。

如下是不同类型的词嵌入技术。

计数向量

假如你有三个文档（*D*1，*D*2 和 *D*3），且在这个文档集中有 *N* 个唯一的单词。创建一个 *D* x *N* 矩阵，命名为 *C*，这就是**计数向量**。矩阵的每个条目表示的是相应文档 *N* 个唯一词出现的频率。

我们用一个例子来说明：

*D*1：Pooja is very lazy

*D*2：But she is intelligent

*D*3：She hardly comes to class

这里，$D = 3$ 且 $N = 12$。

唯一的单词有 hardly、lazy、But、to、Pooja、she、intelligent、comes、very、class 和 is。

因此，计数向量 *C* 就是：

	Hardly	laziest	But	to	Pooja	she	intelligent	comes	very	class	is
*D*1	0	1	0	0	1	0	0	0	1	0	1
*D*2	0	0	1	0	0	1	1	0	0	0	1
*D*3	1	0	0	1	0	1	0	1	0	1	0

词频—逆文档频率

对于这个技术，你需要统计每个单词在一个句子和文档中出现的频率。单词在一个句子中出现多次，而在文档中出现较少，则会有较高的值。

例如，考虑一个句子集合：

- “I am a boy.”
- “I am a girl.”
- “Where do you live?”

词频—逆文档频率（TF-IDF）生成这些句子的特征集合，如下所示：

	Am	Boy	Girl	Where	do	you	live
1.	0.60	0.80	0	0	0	0	0
2.	0.60	0	0.80	0	0	0	0
3.	0	0	0	0.5	0.5	0.5	0.5

你可以导入 TFIDF 包，然后用它来创建这个表。

现在我们来看一些示例代码，你可以使用支持向量机，利用这些 TF-IDF 特征对这些字符串进行分类。

```
#import required packages
import pandas as pd
from random import sample
from sklearn.preprocessing import LabelEncoder
from sklearn.feature_extraction.text import TfidfVectorizer
from sklearn.svm import SVC
from sklearn.model_selection import train_test_split
from sklearn.metrics import f1_score, accuracy_score
# read csv file
data = pd.read_csv("intent1.csv")
print(data.sample(6))
```

在继续读代码之前，来看一下这个数据集的示例样本。

描述（消息）	意图标签（目标）
Good Non-Veg restaurant near me	0
I am looking for a hospital	1
Good hospital for Heart operation	1
International school for kids	2
Non-Veg restaurant around me	0
School for small Kids	2

在这个例子里，以下是要用到的值：

- 0 代表寻找餐馆；
- 1 代表寻找医院；
- 2 代表寻找学校。

现在我们来利用这个数据集：

```
# split dataset into train and test.
X_train, X_test, Y_train, Y_test = train_test_split(data
["Description"], data["intent_label"], test_size=3)
print(X_train.shape, X_test.shape, Y_train.shape, Y_test.shape)

# vectorize the input using tfidf values.
tfidf = TfidfVectorizer()
tfidf = tfidf.fit(X_train)
X_train = tfidf.transform(X_train)
X_test = tfidf.transform(X_test)

# label encoding for different categories of intents
le = LabelEncoder().fit(Y_train)
Y_train = le.transform(Y_train)
Y_test = le.transform(Y_test)

# other models like GBM, Random Forest may also be used
model = SVC()
model = model.fit(X_train, Y_train)
p = model.predict(X_test)
# calculate the f1_score. average="micro" since we want to
calculate score for multiclass.
# Each instance(rather than class(search for macro average))
contribute equally towards the scoring.
print("f1_score:", f1_score( Y_test, p, average="micro"))
print("accuracy_score:",accuracy_score(Y_test, p))
```

Word2Vec

有多种方法可以获得一个句子的词向量，但这些技术背后的主要理论都是为相似的单词给出相似的表示。因此，像“男人”“男孩”和“女孩”这样的单词会有相似的词向量。词向量的长度可以被设置。Word2Vec 的例子包括了 GloVe 和 CBOW（带或者不带跳跃元的 n 元法）。

你可以为你的数据集训练一个 Word2Vec 训练模型（如果你有足够数据的话），或者你可以使用预训练模型。Word2Vec 在因特网上可公开获取。预训练模型通常在大量文档集上面训练过，例如 Wikipedia 和推特数据等，一般来讲它们对于普通的任务够用了。

这些训练意图分类器方法的一个例子是使用一维 CNN，将一个句子中的所有单词的词向量拼接成一个列表作为输入。

```
# import required packages
from gensim.models import Word2Vec
import pandas as pd
import numpy as np
from keras.preprocessing.text import Tokenizer

from keras.preprocessing.sequence import pad_sequences
from keras.utils.np_utils import to_categorical
from keras.layers import Dense, Input, Flatten
from keras.layers import Conv1D, MaxPooling1D, Embedding, Dropout
from keras.models import Model

from sklearn.preprocessing import LabelEncoder
from sklearn.model_selection import train_test_split
from sklearn.metrics import f1_score, accuracy_score
# read data
data = pd.read_csv("intent1.csv")

# split data into test and train
X_train, X_test, Y_train, Y_test = train_test_split(data
["Description"], data["intent_label"], test_size=6)

# label encoding for different categories of intents
le = LabelEncoder().fit(Y_train)
Y_train = le.transform(Y_train)
Y_test = le.transform(Y_test)
```

```
# get word_vectors for words in training set
X_train = [sent for sent in X_train]
X_test = [sent for sent in X_test]
# by default genism.Word2Vec uses CBOW, to train word vecs.
We can also use skipgram with it
# by setting the "sg" attribute to number of skips we want.
# CBOW and Skip gram for the sentence "Hi Ron how was your
day?" becomes:
# Continuos bag of words: 3-grams {"Hi Ron how", "Ron how was",
"how was your" ...}
# Skip-gram 1-skip 3-grams: {"Hi Ron how", "Hi Ron was", "Hi
how was", "Ron how
# your", ...}

# See how: "Hi Ron was" skips over "how".
# Skip-gram 2-skip 3-grams: {"Hi Ron how", "Hi Ron was", "Hi
Ron your", "Hi was
# your", ...}
# See how: "Hi Ron your" skips over "how was".
# Those are the general meaning of CBOW and skip gram.
word_vecs = Word2Vec(X_train)
print("Word vectors trained")

# prune each sentence to maximum of 20 words.
max_sent_len = 20

# tokenize input strings
tokenizer = Tokenizer()
tokenizer.fit_on_texts(X_train)
sequences = tokenizer.texts_to_sequences(X_train)
sequences_test = tokenizer.texts_to_sequences(X_test)
word_index = tokenizer.word_index
vocab_size = len(word_index)

# sentences with less than 20 words, will be padded with zeroes
to make it of length 20
# sentences with more than 20 words, will be pruned to 20.
x = pad_sequences(sequences, maxlen=max_sent_len)
X_test = pad_sequences(sequences_test, maxlen=max_sent_len)

# 100 is the size of wordvec.
embedding_matrix = np.zeros((vocab_size + 1, 100))

# make matrix of each word with its word_vectors for the CNN model.
# so each row of a matrix will represent one word. There will
be a row for each word in

# the training set
```

```
for word, i in word_index.items():
        try:
            embedding_vector = word_vecs[word]
        except:
            embedding_vector = None
            if embedding_vector is not None:
                embedding_matrix[i] = embedding_vector
print("Embeddings done")
vocab_size = len(embedding_matrix)

# CNN model requires multiclass labels to be converted into one
hot ecoding.
# i.e. each column represents a label, and will be marked one
for corresponding label.
y = to_categorical(np.asarray(Y_train))

embedding_layer = Embedding(vocab_size,
                                100,
                                weights=[embedding_matrix],
                                input_length=max_sent_len,
                                trainable=True)
sequence_input = Input(shape=(max_sent_len,), dtype='int32')

# stack each word of a sentence in a matrix. So each matrix
represents a sentence.
# Each row in a matrix is a word(Word Vector) of a sentence.
embedded_sequences = embedding_layer(sequence_input)

# build the Convolutional model.
l_cov1 = Conv1D(128, 4, activation='relu')(embedded_sequences)
l_pool1 = MaxPooling1D(4)(l_cov1)
l_flat = Flatten()(l_pool1)

hidden = Dense(100, activation='relu')(l_flat)
preds = Dense(len(y[0]), activation='softmax')(hidden)
model = Model(sequence_input, preds)
model.compile(loss='binary_crossentropy',optimizer='Adam')

print("model fitting - simplified convolutional neural
network")
model.summary()

# train the model
model.fit(x, y, epochs=10, batch_size=128)

#get scores and predictions.
p = model.predict(X_test)
p = [np.argmax(i) for i in p]
score_cnn = f1_score(Y_test, p, average="micro")
```

```
print("accuracy_score:",accuracy_score(Y_test, p))
print("f1_score:", score_cnn)
```

用来拟合的模型是一个简化的卷积神经网络，如下所示：

层（类型）	输出形状	参数大小
input_20 (InputLayer)	(None, 20)	0
embedding_20 (Embedding)	(None, 20, 100)	2800
conv1d_19 (Conv1D)	(None, 17, 128)	51328
max_pooling1d_19 (MaxPooling)	(None, 4, 128)	0
flatten_19 (Flatten)	(None, 512)	0
dense_35 (Dense)	(None, 100)	51300
dense_36 (Dense)	(None, 3)	303

下面是参数的数量：

- 总参数量：105 731
- 可训练参数量：105 731
- 不可训练参数量：0

下面是使用 Gensim 这个包时，Word2Vec 中一些重要的函数：

- 导入 Gensim，然后加载预训练模型：

```
import genism
#loading the pre-trained model
model = gensim.models.KeyedVectors.
load_word2vec_format('GoogleNews-vectors-
negative300.bin', binary=True)
```

  这是来自 Google 的英文预训练模型，其维度大小为 300；

- 如何从预训练模型中查找一个词的词向量：

```
# getting word vectors of a word
lion = model['lion']
print(len(lion))
```

- 如何计算两个词的相似度：

```
#Calculating similarity index
print(model.similarity('King', 'Queen'))
```

- 从一个单词集中找出奇异词：

```
#Choose odd one out
print(model.doesnt_match("Mango Grape Tiger
Banana Strawberry".split()))
```

- 查找两个最相似的词：

```
print(model.most_similar(positive=[Prince,
Girl], negative=[Boy]))
```

Word2Vec 独特的特点是你可以从其他词向量使用向量操作计算出某个词向量。例如，单词“ Prince”的词向量减去“ boy”的词向量，再加上“ girl”的词向量，将会差不多等于“Princess”的词向量。因此，做这样的计算，你会得到“公主”的词向量。

$$\text{Vec}（\text{“王子”}）- \text{Vec}（\text{“男孩”}）+ \text{Vec}（\text{“女孩”}）\approx \text{Vec}（\text{“公主”}）$$

这只是个例子，这个案例适用于其他很多情况。这是 Word2Vec 的特性，在评估相似的单词、预测下一个词、自然语言生成（NLG）等问题中很有用处。

表 11-1 展示了一些预训练模型的其他参数。

表 11-1　不同的带其他参数的预训练模型

模型文件	维度大小	语料库大小	词表大小	结构	语境窗口大小	作者
Google News	300	100B	3M	Word2Vec	BoW, ~5	Google
Freebase IDs	1000	100B	1.4M	Word2Vec, Skip-gram	BoW, ~10	Google
Freebase names	1000	100B	1.4M	Word2Vec, Skip-gram	BoW, ~10	Google
Wikipedia + Gigaword5	50	6B	400,000	GloVe	10+10	GloVe
Wikipedia + Gigaword5	100	6B	400,000	GloVe	10+10	GloVe
Wikipedia + Gigaword5	200	6B	400,000	GloVe	10+10	GloVe
Wikipedia + Gigaword5	300	6B	400,000	GloVe	10+10	GloVe
Common Crawl 42B	300	42B	1.9M	GloVe	AdaGrad	GloVe
Common Crawl 840B	300	840B	2.2M	GloVe	AdaGrad	GloVe
Wikipedia dependency	300	-	174,000	Word2Vec	Syntactic Dependencies	Levy & Goldberg
DBPedia vectors (wiki2vec)	1000	-	-	Word2Vec	BoW, 10	Idio

构建应答

应答是聊天机器人另一个重要的方面。基于聊天机器人的回复方式，用户可能会喜欢上它。无论何时，聊天机器人被构建时都要记着它的使用者。你需要知道谁会使用它，以及使用它的目的是什么。例如，一个餐厅网站的聊天机器人只会被问关于餐厅和食物的问题。因此，你或多或少地知道会被问的问题。所以，对于每种意图，你会存储多种回答，在鉴别出用户的意图之后使用它们，避免用户反复地得到同一个答案。你也可以为脱离语境的那些问题预留一个意图标签，这个意图可以有多个候选回答，聊天机器人在响应的时候可以随机地从中选择回答。

例如，如果意图是打招呼“你好”，你可以有多种应答，例如“你好，你身体好吗”“你好，你怎么样？”和“嗨，我能怎么帮你？”

聊天机器人可以任选一个应答作为回应。

在下面的示例代码中，你从用户那儿获取输入，但在原始的聊天机器人中，意图是由聊天机器人基于用户的问题自定义的。

```
import random
intent = input()
output = ["Hello! How are you","Hello! How are you doing","Hii!
How can I help you","Hey! There","Hiiii","Hello! How can I
assist you?","Hey! What's up?"]
if(intent == "Hii"):
 print(random.choice(output))
```

11.3.2 用 API 构建聊天机器人

构建聊天机器人不是一个容易的任务。你要着眼于细节、并要有敏锐的头脑来构建一个很好用的聊天机器人。构建聊天机器人有两个方法：

- 基于规则的方法
- 机器学习的方法，让系统从数据流中自学习

有些聊天机器人比较简单，而其他的则有着更先进的 AI 大脑。聊天机器人可以

理解自然语言，能利用 AI 大脑做出响应，而且技术爱好者们正在利用多种资源例如 Api.ai 来创建这些 AI 赋能的聊天机器人。

程序员正在提升下面这些服务来构建机器人：

- 微软机器人框架
- Wit.ai
- Api.ai
- IBM 沃森

其他有着有限的或者没有编程能力的机器人构建爱好者，则在利用其他机器人开发平台来构建聊天机器人，平台如下：

- Chatfuel
- Texit.in
- Octane AI
- Motion.ai

有不同的 API 来分析文本，以下是三个巨头提供的服务：

- 微软 Azure 的认知服务
- 亚马逊 Lex
- IBM 沃森

微软 Azure 的认知服务

我们首先介绍微软 Azure：

- 语言理解智能服务（LUIS）：提供简单的工具集，使得你可以构建自己的语言模型（意图 / 实体），让任何应用或机器人能理解你的命令并相应执行。
- 文本分析 API：评估情感和主题，以理解用户的需求。
- 文本翻译 API：自动识别语言，并实时翻译成其他语言。

- 网络语言模型 API：自动在由词构成的缺失空格的字符串中插入空格。
- Bing 拼写检查 API：使得用户可以纠正拼写错误，识别名称、商标名和俚语中的差异，以及理解敲下的同音异义词。
- 语言分析 API：允许你通过词性标注识别文本中的概念和行为，利用自然语言解析器找到短语和概念。它在挖掘顾客的反馈中非常有用。

亚马逊 Lex

亚马逊 Lex 是一个将对话接口植入任何使用语音和文本的应用的服务。不幸的是，它没有同义词选项，也没有合适的实体抽取和意图分类。

以下是使用亚马逊 Lex 一些重要的好处：

- 简单，可引导你完成聊天机器人的搭建。
- 集成了深度学习算法，如 NLU 和 NLP 相关的算法都为聊天机器人实现了。亚马逊将这些功能集中起来，使得它们可以被方便地使用。
- 容易部署，带有可扩展的特性。
- 拥有内置的与 AWS 平台的集成。
- 有成本效益。

IBM 沃森

IBM 提供了 IBM 沃森 API，方便你构建自己的聊天机器人。在实现过程中，接近目标的过程和目标本身一样重要。为了对话系统设计的基础知识和它对业务的影响，自我驱动来学习沃森对话 AI 系统，对于形成一个成功的行动计划是很重要的。这种准备让你能够交流、学习，然后与标准对照，使得你的业务可以构建一个面向顾客的、成功的项目。

对话系统设计是构建聊天机器人中最重要的一环。首先要明白的是谁是用户，以及他们要达到的目标是什么。

IBM 沃森拥有很多技术，你可以方便地集成到你的聊天机器人里面，沃森对话、沃森口音分析器、语音到文本转录是其中一些，还有更多的技术。

11.4　聊天机器人开发的最佳实践

在构建聊天机器人的过程中，知道一些可用来提升性能的最佳实践非常重要。这些最佳实践可用来帮助构建能完成目的的、与用户无缝对话的、对用户友好的机器人。

首要的事情就是要很好地理解目标人群，接着才是其他的事情，例如识别用户的场景、设置聊天机器人的口音和鉴别消息平台。

通过坚持执行下面的这些最佳实践，与用户进行无缝对话的愿望就能变成现实。

11.4.1　了解潜在用户

全面地了解目标人群是构建一个成功的机器人的第一步，下一步则是了解创造机器人的目的。

这里有些点要记住：

- 了解特定机器人的目的。它可能是一个娱乐观众、方便用户办理事务、提供新闻或是用作客服渠道的机器人。
- 通过学习用户产品，将机器人构建得更用户友好一点。

11.4.2　读入用户情感使得机器人情感更丰富

聊天机器人应该像人那样热情和友好，使得对话体验很棒。聊天机器人需要读入并同时理解用户的情感，激励用户将对话进行下去。如果首次体验不错，将会鼓励用户再次来使用聊天机器人。

这里有些要记住的点：

- 通过提升正面的情感，来推广你的产品或将用户转变为品牌大使。
- 在对话过程中，及时响应负面评价，以保持对话顺畅。
- 在任何可能的时候，使用友好的语言，让用户感觉是在和一个熟悉的人类交流。
- 通过复述输入让用户感到舒适，确保他们可以理解正在讨论的每件事。

12 CHAPTER

第12章 人脸检测与识别

人脸检测是指在一张图片或者视频中检测一张人脸的过程。

人脸识别是指在图片中检测一张人脸然后使用算法来识别是谁的脸的过程。人脸识别因此也是个人识别的一种形式。

首先你需要从图片中提取可以训练机器学习分类器以识别人脸的特征。这些系统不仅是非主观的，它们其实也是**自动化**的——你不需要给人脸特征添加标签。你只需要从人脸提取特征，训练分类器，然后使用分类器来识别之后遇到的人脸就行。

由于对于人脸识别来说，你需要先从一张图片里检测到人脸，因此可以认为人脸识别有两步：

- 第一阶段：使用比如Haar cascades、HOG+线性SVM、深度学习或者其他可以定位人脸的算法来检测一张图片或者视频流里面存在的人脸。
- 第二阶段：取每个定位阶段检测到的人脸并学习这些人脸对应的是谁——直接指定脸对应的人名。

12.1 人脸检测、人脸识别与人脸分析

人脸检测和人脸识别以及人脸分析的区别是：

- **人脸检测**：人脸检测是一种在图片中寻找所有人脸的技术。
- **人脸识别**：这是人脸检测的下一步。人脸识别中，你使用一个已经创建的图片库来鉴别人脸所对应的人。
- **人脸分析**：对一张脸进行考察并做出一些推断，比如年龄、气色等。

12.2　OpenCV

OpenCV 提供了三种方法来完成人脸识别（见图 12-1）：

- 特征脸
- 局部二值模式直方图（LBPH）
- 费歇脸

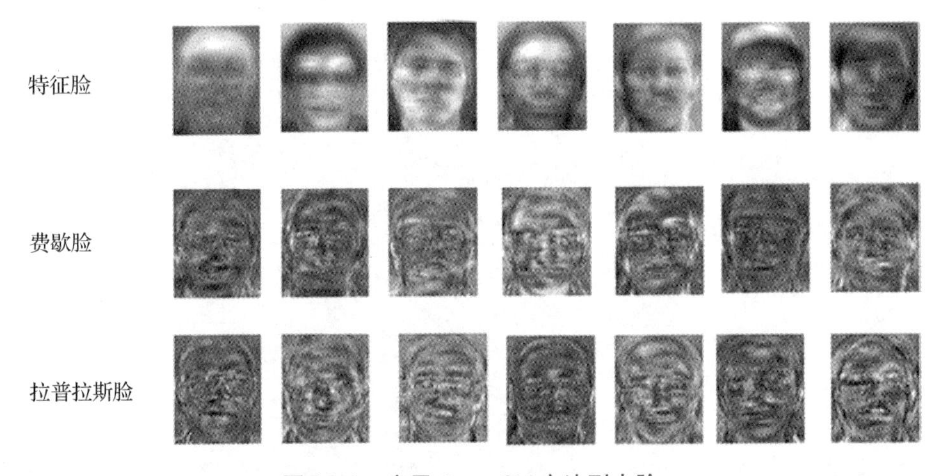

图 12-1　应用 OpenCV 方法到人脸

这三种人脸识别的方法都是通过将人脸与一些已知的训练集进行对比来完成的。为了训练模型，你给算法提供训练的人脸并对这些人脸标记好其所属者。当你使用算法来识别一些未知的人脸时，它会使用在训练集上训练的模型来做识别。前面提及的三种方法在使用训练集的时候有一些不同。

拉普拉斯脸是另一种识别人脸的方法。

12.2.1 特征脸

特征脸算法使用主成分分析来构建人脸图片的低维表示，这些低维表示会被用作对应人脸图片的特征（图 12-2）。

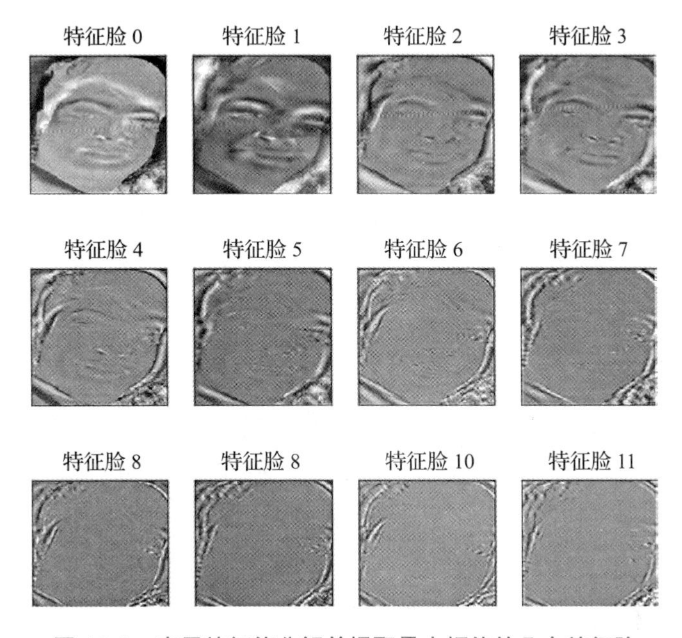

图 12-2　应用特征值分解并提取最大幅值的几个特征脸

为此，你需要收集包含每个想被识别的人的多张人脸图片的数据集——这好比是图片分类的时候有了每个类别的多个图片的训练样本。使用这些人脸图片的数据集，先假定它们具有相同的宽度和高度并且理想地有眼睛和面部结构在相同的 (x, y) 坐标的位置排列，你对数据集使用特征值分解，只保留对应特征值最大的特征向量。

有了这些特征向量，一张人脸就可以被表示成被 Kirby 和 Sirovich 称为特征脸的线性组合。特征脸算法考虑的是整个数据集。

12.2.2 LBPH

在 LBPH 中你可以独立地分析每张图片。LBPH 方法，简单点说，就是每次你只是局部地在数据集中刻画每张图片。当给出一张未知的图片时，你采用相同的分析并且将结果和数据集中每一张图片对比。分析图片的方法就是通过在图片的每个局部位置刻画其局部模式。

正如特征脸算法依赖于 PCA 来构建脸部图片的低维表示，局部二值模式（LBP）方法依赖于，正如其名称所体现的，特征提取。

这个方法首先由 Ahonen 等人在 2006 年的论文“Face Recognition with Local Binary Patterns”中引入，建议将人脸图片切分为 7×7 的等大小的网格单元（图 12-3）。

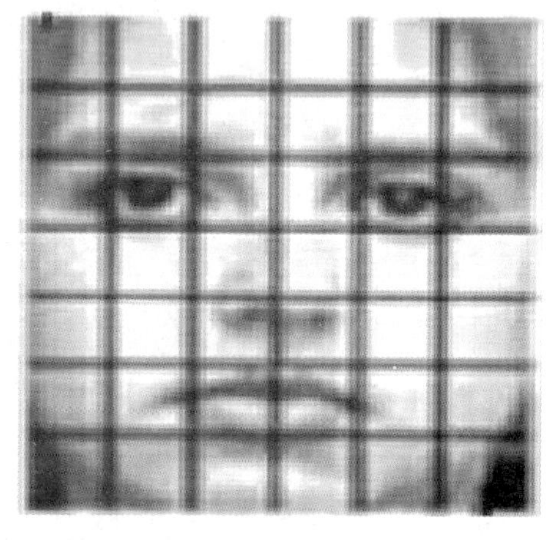

图 12-3 应用 LBPH 到人脸识别始于将人脸图片切分为 7×7 的等大小网格单元

然后你对 49 个单元逐一进行局部二值模式直方图地提取。通过将图分割为小的单元，你在最终的特征向量中引入了局域性。进一步地，位于中间的单元具有更高的权重值以使得它们对整体的表示贡献更多。位于角落的单元相对于位于中间的单元（它包含了眼睛、鼻子和唇部结构）来说，带有能表征面部的信息量更小。最后，你将来自 49 个单元的加权 LBP 直方图拼接起来以形成最终的特征向量。

12.2.3 费歇脸

主成分分析（PCA），是特征脸方法的核心，它寻找一种能使得数据集方差最大化的特征线性组合。尽管这是对数据的一种强有力的表示方法，但是它并没有考虑任何类别[1]，因此一些可辨别的信息可能会在丢弃成分的时候被一同丢弃。设想你的数据集的方差是由一个外部源产生的，假定它来自右边。PCA 识别的成分并没有包含任何具有辨识能力的信息，因此投影后的样本都被抹平了，分类就会变得很难实现了。

线性判别分析法（The Linear Discriminant Analysis）运用了一种类别指定的降维

[1] 译者注：预先假设的类别，因为 PCA 并不需要像分类问题中那样需要先指定几个类别。

方法，它由伟大的统计学家 R. A. Fisher 爵士所发明。在分类学中运用多种测量。为了能够找到能将类别最大程度区分开来的特征组合，线性判别分析法最大化类间和类内的散射比，而不是最大化整体的散射。这个想法很简单：相同的类应该紧紧地聚集在一起，同时不同的类在低维表示中应该离得尽可能的远。

12.3　检测人脸

完成人脸识别需要的第一个特征就是在当前图片中检测到人脸在哪里。在 Python 中可以使用 OpenCV 库中的 Haar 级联过滤器来有效地完成这个事情。

对于这里给出的实现，我使用的是 Python 3.5 Anaconda，OpenCV 3.1.0 以及 dlib 19.1.0。为确保能使用以下代码，请保证你使用的是这些（或更新的）版本。

为了完成人脸检测，需要先做一些初始化的步骤，如下所示：

```
# Import the OpenCV library
import cv2
# Initialize a face cascade using the frontal face haar cascade provided
# with the OpenCV2 library. This will be required for face detection in an
# image.
faceCascade = cv2.CascadeClassifier('haarcascade_frontalface_default.xml')
# The desired output width and height, can be modified according to the needs.
OUTPUT_SIZE_WIDTH = 700
OUTPUT_SIZE_HEIGHT = 600

# Open the first webcam device
capture = cv2.VideoCapture(0)

# Create two opencv named windows for showing the input, output images.
cv2.namedWindow("base-image", cv2.WINDOW_AUTOSIZE)
cv2.namedWindow("result-image", cv2.WINDOW_AUTOSIZE)

# Position the windows next to each other
cv2.moveWindow("base-image", 20, 200)
cv2.moveWindow("result-image", 640, 200)

# Start the window thread for the two windows we are using
cv2.startWindowThread()

rectangleColor = (0, 100, 255)
```

其余代码将会是一个一直从网络摄像头中获取最新图片的无限循环，检测所有取出的图片中的人脸，给检测出的最大的人脸画一个矩形，最后在一个窗口中显示出输入、输出的图片（图 12-4）。

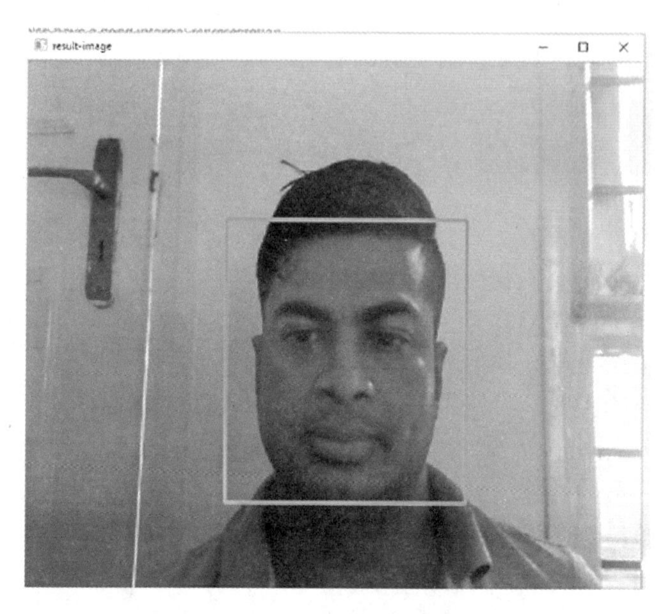

图 12-4 展示检测到的人脸输出示例

你可以在一个无限循环中用下面的代码完成这件事：

```
# Retrieve the latest image from the webcam
rc,fullSizeBaseImage = capture.read()
# Resize the image to 520x420
baseImage= cv2.resize(fullSizeBaseImage, (520, 420))

# Check if a key was pressed and if it was Q or q, then destroy all
# opencv windows and exit the application, stopping the infinite loop.
pressedKey = cv2.waitKey(2)
if (pressedKey == ord('Q')) | (pressedKey == ord('q')):
cv2.destroyAllWindows()
exit(0)
# Result image is the image we will show the user, which is a
# combination of the original image captured from the webcam with the
# overlayed rectangle detecting the largest face
resultImage = baseImage.copy()

# We will be using gray colored image for face detection.
# So we need to convert the baseImage captured by webcam to a gray-based image
gray_image = cv2.cvtColor(baseImage, cv2.COLOR_BGR2GRAY)
faces = faceCascade.detectMultiScale(gray_image, 1.3, 5)
```

```
# As we are only interested in the 'largest' face, we need to
# calculate the largest area of the found rectangle.
# For this, first initialize the required variables to 0.
maxArea = 0
x = 0
y = 0
w = 0
h = 0

# Loop over all faces found in the image and check if the area for this face is
# the largest so far
for(_x, _y, _w, _h) in faces:
if _w * _h > maxArea:
        x = _x
        y = _y
        w = _w
        h = _h
    maxArea = w * h
# If any face is found, draw a rectangle around the
# largest face present in the picture
if maxArea > 0:
cv2.rectangle(resultImage, (x-10, y-20),
(x + w+10, y + h+20), rectangleColor, 2)
# Since we want to show something larger on the screen than the
# original 520x420, we resize the image again

# Note that it would also be possible to keep the large version
# of the baseimage and make the result image a copy of this large
# base image and use the scaling factor to draw the rectangle
# at the right coordinates.
largeResult = cv2.resize(resultImage,
(OUTPUT_SIZE_WIDTH, OUTPUT_SIZE_HEIGHT))
# Finally, we show the images on the screen
cv2.imshow("base-image", baseImage)
cv2.imshow("result-image", largeResult)
```

12.4　跟踪人脸

之前的人脸检测的代码有一些缺点。

- 代码计算上的开销比较大。
- 如果检测的人稍微转动下头部，Haar 级联可能就检测不到人脸了。
- 很难在不同的帧中跟踪一张人脸。

更好的办法是只检测一次人脸，然后使用 dlib 库进行关联跟踪，从而能够在不同帧之间实现人脸的跟踪。

为了能够实现，你需要导入另一个库并初始化一些附加的变量。

```
import dlib

# Create the tracker we will use to recognize face in different frames
# We get from the webcam
tracker = dlib.correlation_tracker()

# The Boolean variable we use to keep track of the fact whether we are
# currently using the dlib tracker
trackingFace = 0
```

在无限 for 循环中，你现在需要判断 dlib 关联跟踪器是否正在对图片的一个区域进行跟踪。如果不是这样，你需要使用一个与之前类似的代码来找到最大的人脸区域，但不需要画出矩形框，只需要使用找到的坐标来初始化关联跟踪器。

```
# If we are not tracking a face, then try to detect one
if not trackingFace:

# We will be using gray colored image for face detection.
# so we need to convert the baseImage captured by the webcam to a gray-based image
gray = cv2.cvtColor(baseImage, cv2.COLOR_BGR2GRAY)
# Now use the haar cascade detector to find all faces
# in the image
faces = faceCascade.detectMultiScale(gray, 1.3, 5)

# In the console we can show that only now we are
# using the detector for a face
print("Using the cascade detector to detect face")


# As we are only interested in the 'largest' face, we need to
# calculate the largest area of the found rectangle.
# For this, first initialize the required variables to 0.
maxArea = 0
x = 0
y = 0
w = 0
h = 0

# Loop over all faces and check if the area for this
# face is the largest so far
# We need to convert it to int here because of the
# requirement of the dlib tracker. If we omit the cast to
# int here, you will get cast errors since the detector
# returns numpy.int32 and the tracker requires an int
for (_x,_y,_w,_h) in faces:
if  _w*_h > maxArea:
            x = int(_x)
            y = int(_y)
            w = int(_w)
            h = int(_h)
          maxArea = w*h
```

```
# If one or more faces are found, initialize the tracker
# on the largest face in the picture
if maxArea > 0 :

# Initialize the tracker
tracker.start_track(baseImage,
dlib.rectangle( x-10,y-20, x+w+10, y+h+20))

# Set the indicator variable such that we know the
# tracker is tracking a region in the image
trackingFace = 1
```

现在循环的最后一步是来再次检查关联跟踪器是否正在实时跟踪一张人脸（也即，它是否通过前述代码检测到了一张人脸，trackingFace=1 ?）如果跟踪器确实在图片中跟踪一张脸，你需要更新跟踪器。取决于更新的质量（也就是跟踪器对于是否正在跟踪同一张人脸有多确信），你或者对跟踪器指示的区域画出一个矩形或者指示你没有在跟踪任何人脸了。

```
# Check if the tracker is actively tracking a region in the image
if trackingFace:

# Update the tracker and request information about the
# quality of the tracking update
trackingQuality = tracker.update( baseImage )

# If the tracking quality is good enough, determine the
# updated position of the tracked region and draw the
# rectangle
if trackingQuality >= 8.75:
tracked_position =  tracker.get_position()

t_x = int(tracked_position.left())
t_y = int(tracked_position.top())
t_w = int(tracked_position.width())
t_h = int(tracked_position.height())
cv2.rectangle(resultImage, (t_x, t_y),
(t_x + t_w , t_y + t_h),
rectangleColor ,2)

else:
# If the quality of the tracking update is not
# sufficient (e.g. the tracked region moved out of the
# screen) we stop the tracking of the face and in the
# next loop we will find the largest face in the image
# again
trackingFace = 0
```

正如你在代码中看到的那样，每当你再次使用检测器的时候都在控制台输出一条信息。如果你在运行代码的时候在控制台查看输出，你会注意到即使你在屏幕上移动幅度很大，跟踪器在检测到人脸后还是能很好地跟踪它。

12.5　人脸识别

人脸识别系统通过对比每一帧视频中的人脸和训练的图片来完成辨别人脸的过程，并且如果视频帧中的人脸成功匹配了的话，就返回标签（同时写入一个 CSV 文件中）。你现在将要看到怎么样一步步地创建一个人脸识别系统。

首先你需要导入所有需要的库。face_recognition 是一个简单的库，使用 dlib 的最先进的人脸识别技术构建，还带有深度学习功能。

```
import os
import re
import warnings
import scipy.misc
import cv2
import face_recognition
from PIL import Image
import argparse
import csv
import os
```

Argparse 是一个 Python 库，允许你将自己的参数添加到文件中。它可以被用于在执行的时候输入任何图片目录或者一个文件的路径。

```
parser = argparse.ArgumentParser()
parser.add_argument("-i", "--images_dir",help="image dir")
parser.add_argument("-v", "--video", help="video to recognize faces on")
parser.add_argument("-o", "--output_csv", help="Ouput csv file [Optional]")
parser.add_argument("-u", "--upsample-rate", help="How many times to upsample
the image looking for faces. Higher numbers find smaller faces. [Optional]")
args = vars(parser.parse_args())
```

前面的代码中，在运行 Python 文件的同时，你还需要指定以下内容：训练输入图片的目录、用作数据集的视频文件以及一个用于写入每一帧输出的 CSV 文件。

```
# Check if argument values are valid
if args.get("images_dir", None) is None and os.path.exists(str(args.get("images_dir", ""))):
    print("Please check the path to images folder")
    exit()
if args.get("video", None) is None and os.path.isfile(str(args.get("video", None))):
    print("Please check the path to video")
    exit()
if str(args.get("output_csv", None)) is None:
print("You haven't specified an output csv file. Nothing will be written.")

# By default upsample rate = 1
upsample_rate = args.get("upsample_rate", None)
```

```
if upsample_rate is None:
    upsample_rate = 1
# Helper functions
def image_files_in_folder(folder):
    return [os.path.join(folder, f) for f in os.listdir(folder) if
    re.match(r'.*\.(pgm|jpg|png)', f, flags=re.I)]
```

使用前面这个函数，所有来自指定文件夹的图片文件都可以被读入。

下面这个函数使用已知的训练图片来测试输入的帧：

```
def test_image(image_to_check, known_names, known_face_encodings, number_
of_times_to_upsample=1):
    """
    Test if any face is recognized in unknown image by checking known images
    :paramimage_to_check: Numpy array of the image
    :paramknown_names: List containing known labels
    :paramknown_face_encodings: List containing training image labels
    :paramnumber_of_times_to_upsample: How many times to upsample the image looking for
    faces. Higher numbers find smaller faces.
    :return: A list of labels of known names
    """
    # unknown_image = face_recognition.load_image_file(image_to_check)
    unknown_image = image_to_check
    # Scale down the image to make it run faster
    if unknown_image.shape[1] > 1600:
        scale_factor = 1600 / unknown_image.shape[1]
        with warnings.catch_warnings():
            warnings.simplefilter("ignore")
        unknown_image = scipy.misc.imresize(unknown_image, scale_factor)
    face_locations = face_recognition.face_locations(unknown_image,  number_
    of_times_to_upsample)
    unknown_encodings = face_recognition.face_encodings(unknown_image, face_locations)
    result = []
    for unknown_encoding in unknown_encodings:
        result = face_recognition.compare_faces(known_face_encodings, unknown_encoding)
    result_encoding = []
    for nameIndex, is_match in enumerate(result):
        if is_match:
            result_encoding.append(known_names[nameIndex])
    return result_encoding
```

现在定义提取匹配已知图片标签的函数。

```
def map_file_pattern_to_label(labels_with_pattern, labels_list#result):
    """
    Map file name pattern to full label
    :paramlabels_with_pattern: dict : { "file_name_pattern": "full_label" }
    :paramlabels_list: list : list of labels of file names got from test_image()
    :return: list of full labels
    """
```

```
    result_list = []
    for key, label in labels_with_pattern.items():
        for img_labels in labels_list:
            if str(key).lower() in str(img_labels).lower():
                if str(label) not in result_list:
                    result_list.append(str(label))
                # continue
    # result_list = [label for key, label in labels_with_pattern if
    str(key).lower() in labels_list]
    return result_list
```

读入输入视频以提取测试帧。

```
cap = cv2.VideoCapture(args["video"])
#get the training images
training_encodings = []
training_labels = []
for file in image_files_in_folder(str(args['images_dir'])):
    basename = os.path.splitext(os.path.basename(file))[0]
    img = face_recognition.load_image_file(file)
    encodings = face_recognition.face_encodings(img)
    if len(encodings) > 1:
        print("WARNING: More than one face found in {}. Only considering
        the first face.".format(file))
    if len(encodings) == 0:
        print("WARNING: No faces found in {}. Ignoring file.".format(file))
    if len(encodings):
        training_labels.append(basename)
        training_encodings.append(encodings[0])
csvfile = None
csvwriter = None
if args.get("output_csv", None) is not None:
    csvfile = open(args.get("output_csv"), 'w')
    csvwriter = csv.writer(csvfile, delimiter=',', quotechar='|',
    quoting=csv.QUOTE_MINIMAL)
ret, firstFrame = cap.read()
frameRate = cap.get(cv2.CAP_PROP_FPS)
```

现在定义训练集的标签，然后匹配从给定输入视频提取的帧以获得期望的结果。

```
# Labels with file pattern, edit this
label_pattern = {
    "pooja": "Shahrukh Khan","j": "Ameer Khan"
            }
# match each frame in video with our trained set of labeled images
while ret:
    curr_frame = cap.get(1)
    ret, frame = cap.read()
    result = test_image(frame, training_labels, training_encodings, upsample_rate)
    print(result)
```

```
        labels = map_file_pattern_to_label(label_pattern, result)
        print(labels)
        curr_time = curr_frame / frameRate
        print("Time: {} faces: {}".format(curr_time, labels))
        if csvwriter:
            csvwriter.writerow([curr_time, labels])
        cv2.imshow('frame', frame)
        key = cv2.waitKey(1) & 0xFF
        if key == ord('q'):
            break
    if csvfile:
        csvfile.close()
    cap.release()
    cv2.destroyAllWindows()
```

12.6　基于深度学习的人脸识别

导入必要的包。

```
import cv2                    # working with, mainly resizing, images
import numpy as np            # dealing with arrays
import os                     # dealing with directories
from random import shuffle # mixing up or currently ordered data that might lead our network astray in training.
from tqdm import tqdm
from scipy import misc
import tflearn
from tflearn.layers.conv import conv_2d, max_pool_2d
from tflearn.layers.core import input_data, dropout, fully_connected
from tflearn.layers.estimator import regression
import tensorflow as tf
import glob
import matplotlib.pyplot as plt
import dlib
```

初始化变量。

```
from skimage import io
tf.reset_default_graph()
TRAIN_DIR ='resize_a/train'
TEST_DIR ='resize_a/test'
IMG_SIZE = 200
boxScale=1
LR = 1e-3
MODEL_NAME = 'quickest.model'.format(LR, '2conv-basic')
```

label_img() 函数用于创建标签数组，detect_faces() 函数检测图片中的人脸部分。

```
def label_img(img):
    word = img.split('(')[-2]
    word_label = word[0]
    if word_label == 'R': return [1,0]

    elif word_label == 'A': return [0,1]

def detect_faces(image):
```

```
    # Create a face detector
    face_detector = dlib.get_frontal_face_detector()

    # Run detector and get bounding boxes of the faces on image.
    detected_faces = face_detector(image, 1)
    face_frames = [(x.left(), x.top(),
                    x.right(), x.bottom()) for x in detected_faces]

    return face_frames
```

create_train_data() 函数用于对训练数据进行预处理。

```
def create_train_data():
    training_data = []
    for img in tqdm(os.listdir(TRAIN_DIR)):
        label = label_img(img)
        path = os.path.join(TRAIN_DIR,img)
        img= misc.imread(path)
        img = cv2.imread(path,cv2.IMREAD_GRAYSCALE)
        img = cv2.resize(img, (IMG_SIZE,IMG_SIZE))
        detected_faces = detect_faces(img)
        for n, face_rect in enumerate(detected_faces):
            img = Image.fromarray(img).crop(face_rect)
            img = np.array(img)
        img = cv2.resize(img, (IMG_SIZE,IMG_SIZE))
# If any face is found, draw a rectangle around the
#  largest face present in the picture

        training_data.append([np.array(img),np.array(label)])
    shuffle(training_data)
    np.save('train_data.npy', training_data)
    return training_data
```

process_test_data() 函数用于预处理测试数据。

```
def process_test_data():
    testing_data = []
    for img in tqdm(os.listdir(TEST_DIR)):
        path = os.path.join(TEST_DIR,img)
        imgnum = img.split('.')[-2]
        img_num=get_num(imgnum)
        img= misc.imread(path)
        img = cv2.imread(path,cv2.IMREAD_GRAYSCALE)
        img = cv2.resize(img, (IMG_SIZE,IMG_SIZE))
        detected_faces = detect_faces(img)
        for n, face_rect in enumerate(detected_faces):
            img = Image.fromarray(img).crop(face_rect)
            img = np.array(img)
        img = cv2.resize(img, (IMG_SIZE,IMG_SIZE))
# If any face is found, draw a rectangle around the
#  largest face present in the picture

        testing_data.append([np.array(img), img_num])
```

然后你可以创建模型并用训练数据拟合模型。

```
train_data= create_train_data()
train = train_data[:-2]
test = train_data[-2:]
X = np.array([i[0] for i in train]).reshape(-1,200,200,1)
Y = [i[1] for i in train]
test_x = np.array([i[0] for i in test]).reshape(-1,200,200,1)
test_y = [i[1] for i in test]
convnet = input_data(shape=[None, 200, 200, 1], name='input')

convnet = conv_2d(convnet, 4, 5, activation='relu')
convnet = max_pool_2d(convnet, 5)

convnet = conv_2d(convnet, 5, 5, activation='relu')
convnet = max_pool_2d(convnet, 5)

convnet = conv_2d(convnet, 8, 5, activation='relu')
convnet = max_pool_2d(convnet, 5)

convnet = fully_connected(convnet, 8, activation='relu')
convnet = dropout(convnet, 0.2)

convnet = fully_connected(convnet, 2, activation='softmax')
convnet = regression(convnet, optimizer='adam', learning_rate=LR, loss='categorical_crossentropy', name='targets')
model.fit({'input': X}, {'targets': Y}, n_epoch=1, validation_set=({'input': test_x}, {'targets': test_y}),
    snapshot_step=500, show_metric=True, run_id=MODEL_NAME)
```

最终，你准备好测试数据并预测输出。

```
test_data = process_test_data()

fig=plt.figure()

for num,data in enumerate(test_data[:12]):


    img_num = data[1]
    img_data = data[0]
    y = fig.add_subplot(3,4,num+1)
    orig = img_data
    data = img_data.reshape(IMG_SIZE,IMG_SIZE,1)
    #model_out = model.predict([data])[0]
    model_out = model.predict([data])[0]

    if np.argmax(model_out) == 0: str_label='Ronaldo'
    elif np.argmax(model_out) == 1: str_label='amitabh'

    y.imshow(orig,cmap='gray')
    plt.title(str_label)
    y.axes.get_xaxis().set_visible(False)
    y.axes.get_yaxis().set_visible(False)
plt.show()
```

12.7　迁移学习

迁移学习使用在解决一个问题时已经获得的知识，并用它来处理一个不同但是很相关的问题。

这里你会看到如何使用一个被称为 Inception v3 的预训练的深度神经网络来处理图片分类问题。

Inception 模型对于从一张图片中提取有用的信息相当在行。

12.7.1　为什么要用迁移学习

广为人知的是，卷积神经网络需要大量的数据和资源来训练。

使用迁移学习和微调已经变成研究者和实践者们的一种规范（就是把以前项目，比如 ImagNet 中，训练好的网络权重用到一个新的任务上去）。

你可以采用两种方法。

- 迁移学习：取一个已经在 ImageNet 上完成预训练的 CNN，移除最后一个全连接层，然后将此 CNN 的剩余部分作为一个特征提取器用于新的数据集上。一旦你对所有图片完成了特征提取的过程，就可以为新的数据集训练分类器了。
- 微调：你可以在 CNN 之上进行替换并重新训练分类器，同时通过反向传播的方法对预训练的神经网络进行权重参数的微调。

12.7.2　迁移学习实例

这个例子中，你首先会通过直接载入 Inception v3 模型来对图片分类。

导入所有需要的库。

```
%matplotlib inline
import matplotlib.pyplot as plt
import tensorflow as tf
import numpy as np
import os

# Functions and classes for loading and using the Inception model.
import inception
```

现在给模型指定存储目录，同时下载 Inception v3 模型。

```
inception.data_dir = 'D:/'

inception.maybe_download()
```

载入预训练的模型并定义函数来对任何给定的图片进行分类。

```
model = inception.Inception()

def classify(image_path):
    # Display the image.
    p = Image.open(image_path)
    p.show()

    # Use the Inception model to classify the image.
    pred = model.classify(image_path=image_path)

    # Print the scores and names for the top-10 predictions.
    model.print_scores(pred=pred, k=10, only_first_name=True)
```

现在模型已经定义，我们来针对一些图片检验下。

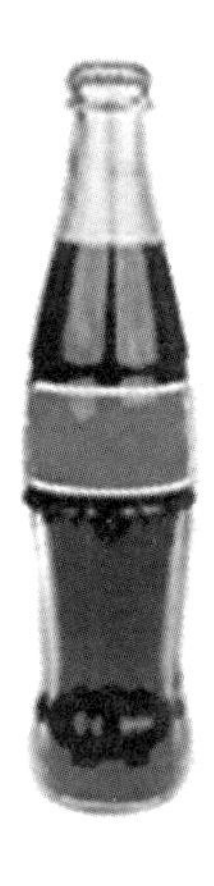

这给出了 91.11% 的正确结果，但是现在如果你对下面的人像做检测的话，你会得到：

48.5% 是网球！

不幸的是，Inception 模型看起来好像不能对人的图片做很好的分类。这是因为训练 Inception 模型的数据集对一些类别会带有一些混淆的文本标签。

然而你可以再次使用预训练的 Inception 模型，并且仅仅替换最终做分类预测的层。这就是所谓的**迁移学习**。

首先你用 Inception 输入并处理一张图片。在 Inception 模型最终做分类的层之前，你把所谓的迁移值保存到缓存文件中去。

使用缓存文件的原因是因为用 Inception 模型处理一张图的时候会花很长的时间。当新数据集中所有的图片都被用 Inception 模型处理，并且迁移值结果都被保存到缓存文件中之后，你可以使用这些迁移值作为另一个神经网络的输入。你会使用新数据集的类别来训练第二个神经网络，所以这个神经网络是基于 Inception 模型的迁移值来学习如何分类图片的。

这样，Inception 模型被用于从图片中提取有用的信息，另一个神经网络随后被用来做实际的分类。

12.7.3 计算迁移值

从 Inception 文件中导入 `transfer_value_cache` 函数。

```
from inception import transfer_values_cache

file_path_cache_train = os.path.join(cifar10.data_path, 'inception_cifar10_train.pkl')
file_path_cache_test = os.path.join(cifar10.data_path, 'inception_cifar10_test.pkl')

print("Processing Inception transfer-values for training-images ...")

# Scale images because Inception needs pixels to be between 0 and 255,
# while the CIFAR-10 functions return pixels between 0.0 and 1.0
images_scaled = images_train * 255.0

# If transfer-values have already been calculated then reload them,
# otherwise calculate them and save them to a cache-file.
transfer_values_train = transfer_values_cache(cache_path=file_path_cache_train,
                                              images=images_scaled,
                                              model=model)

Processing Inception transfer-values for training-images ...
- Processing image:   1021 / 50000

print("Processing Inception transfer-values for test-images ...")

# Scale images because Inception needs pixels to be between 0 and 255,
# while the CIFAR-10 functions return pixels between 0.0 and 1.0
images_scaled = images_test * 255.0

# If transfer-values have already been calculated then reload them,
# otherwise calculate them and save them to a cache-file.
transfer_values_text = transfer_values_cache(cache_path=file_path_cache_test,
                                             images=images_scaled,
                                             model=model)
```

到现在为止，迁移值被存在了缓存文件中。现在你需要创建一个新的神经网络。

定义神经网络。

```
# Wrap the transfer-values as a Pretty Tensor object.
x_pretty = pt.wrap(x)

with pt.defaults_scope(activation_fn=tf.nn.relu):
    y_pred, loss = x_pretty.\
        fully_connected(size=1024, name='layer_fc1').\
        softmax_classifier(num_classes=num_classes, labels=y_true)
```

这是优化方法：

```
global_step = tf.Variable(initial_value=0,
                          name='global_step', trainable=False)
optimizer = tf.train.AdamOptimizer(learning_rate=1e-4).minimize(loss, global_step)
```

分类准确率如下：

```
y_pred_cls = tf.argmax(y_pred, dimension=1)
correct_prediction = tf.equal(y_pred_cls, y_true_cls)
accuracy = tf.reduce_mean(tf.cast(correct_prediction, tf.float32))
```

这是 TensoFlow 的运行：

```
session = tf.Session()
session.run(tf.global_variables_initializer())
```

这里是实现批训练的辅助函数：

```
def random_batch():
    # Number of images (transfer-values) in the training-set.
    num_images = len(transfer_values_train)

    # Create a random index.
    idx = np.random.choice(num_images,
                           size=train_batch_size,
                           replace=False)

    # Use the random index to select random x and y-values.
    # We use the transfer-values instead of images as x-values.
    x_batch = transfer_values_train[idx]
    y_batch = labels_train[idx]

    return x_batch, y_batch
```

用于优化的代码如下：

```
def optimize(num_iterations):
    # Number of images (transfer-values) in the training-set.


    start_time = time.time()

    for i in range(num_iterations):
        # Get a batch of training examples.
        # x_batch now holds a batch of images (transfer-values) and
        # y_true_batch are the true labels for those images.
        x_batch, y_true_batch = random_batch()

        # Put the batch into a dict with the proper names
        # for placeholder variables in the TensorFlow graph.
        feed_dict_train = {x: x_batch,
                           y_true: y_true_batch}

        # Run the optimizer using this batch of training data.
```

```
        # TensorFlow assigns the variables in feed_dict_train
        # to the placeholder variables and then runs the optimizer.
        # We also want to retrieve the global_step counter.
        i_global, _ = session.run([global_step, optimizer],
                                  feed_dict=feed_dict_train)

        # Print status to screen every 100 iterations (and last).
        if (i_global % 100 == 0) or (i == num_iterations - 1):
            # Calculate the accuracy on the training-batch.
            batch_acc = session.run(accuracy,
                                    feed_dict=feed_dict_train)



            # Print status.
            msg = "Global Step: {0:>6}, Training Batch Accuracy: {1:>6.1%}"
            print(msg.format(i_global, batch_acc))

    # Ending time.
    end_time = time.time()

    # Difference between start and end-times.
    time_dif = end_time - start_time

    # Print the time-usage.
    print("Time usage: " + str(timedelta(seconds=int(round(time_dif)))))

    # Use the random index to select random x and y-values.
    # We use the transfer-values instead of images as x-values.
    x_batch = transfer_values_train[idx]
    y_batch = labels_train[idx]

    return x_batch, y_batch
```

这里是画出混淆矩阵的代码：

```
from sklearn.metrics import confusion_matrix

def plot_confusion_matrix(cls_pred):
    # This is called from print_test_accuracy() below.

    # cls_pred is an array of the predicted class-number for
    # all images in the test-set.

    # Get the confusion matrix using sklearn.
    cm = confusion_matrix(y_true=cls_test,  # True class for test-set.
                          y_pred=cls_pred)  # Predicted class.

    # Print the confusion matrix as text.
    for i in range(num_classes):
        # Append the class-name to each line.
        class_name = "({}) {}".format(i, class_names[i])
```

```
        print(cm[i, :], class_name)

    # Print the class-numbers for easy reference.
    class_numbers = [" ({0})".format(i) for i in range(num_classes)]
    print("".join(class_numbers))
```

这里是计算分类的辅助函数：

```
# Split the data-set in batches of this size to limit RAM usage.
batch_size = 256

def predict_cls(transfer_values, labels, cls_true):
    # Number of images.
    num_images = len(transfer_values)

    # Allocate an array for the predicted classes which
    # will be calculated in batches and filled into this array.
    cls_pred = np.zeros(shape=num_images, dtype=np.int)

    # Now calculate the predicted classes for the batches.
    # We will just iterate through all the batches.
    # There might be a more clever and Pythonic way of doing this.

    # The starting index for the next batch is denoted i.
    i = 0

    while i < num_images:
        # The ending index for the next batch is denoted j.
        j = min(i + batch_size, num_images)

        # Create a feed-dict with the images and labels
        # between index i and j.
        feed_dict = {x: transfer_values[i:j],
                     y_true: labels[i:j]}
```

```
        # Calculate the predicted class using TensorFlow.
        cls_pred[i:j] = session.run(y_pred_cls, feed_dict=feed_dict)

        # Set the start-index for the next batch to the
        # end-index of the current batch.
        i = j

    # Create a boolean array whether each image is correctly classified.
    correct = (cls_true == cls_pred)

    return correct, cls_pred
```

```
def classification_accuracy(correct):
    # When averaging a boolean array, False means 0 and True means 1.
    # So we are calculating: number of True / len(correct) which is
```

```
        # the same as the classification accuracy.

        # Return the classification accuracy
        # and the number of correct classifications.
        return correct.mean(), correct.sum()


def predict_cls_test():
    return predict_cls(transfer_values = transfer_values_test,
                       labels = labels_test,
                       cls_true = cls_test)


def print_test_accuracy(show_example_errors=False,
                        show_confusion_matrix=False):

    # For all the images in the test-set,
    # calculate the predicted classes and whether they are correct.
    correct, cls_pred = predict_cls_test()

    # Classification accuracy and the number of correct classifications.
    acc, num_correct = classification_accuracy(correct)

    # Number of images being classified.
    num_images = len(correct)

    # Print the accuracy.
    msg = "Accuracy on Test-Set: {0:.1%} ({1} / {2})"
    print(msg.format(acc, num_correct, num_images))

    # Plot some examples of mis-classifications, if desired.
    if show_example_errors:
        print("Example errors:")
        plot_example_errors(cls_pred=cls_pred, correct=correct)

    # Plot the confusion matrix, if desired.
    if show_confusion_matrix:
        print("Confusion Matrix:")
        plot_confusion_matrix(cls_pred=cls_pred)
```

现在来运行它。

```
from datetime import timedelta

optimize(num_iterations=1000)

Global Step:  13100, Training Batch Accuracy: 100.0%
Global Step:  13200, Training Batch Accuracy: 100.0%
Global Step:  13300, Training Batch Accuracy: 100.0%
Global Step:  13400, Training Batch Accuracy: 100.0%
Global Step:  13500, Training Batch Accuracy: 100.0%
Global Step:  13600, Training Batch Accuracy: 100.0%
Global Step:  13700, Training Batch Accuracy: 100.0%
```

```
Global Step:  13800, Training Batch Accuracy: 100.0%
Global Step:  13900, Training Batch Accuracy: 100.0%
Global Step:  14000, Training Batch Accuracy: 100.0%
Time usage: 0:00:36

print_test_accuracy(show_example_errors=True,
show_confusion_matrix=True)

Accuracy on Test-Set: 83.2% (277 / 333)
Example errors:
Confusion Matrix:
[108 3 5] (0) Aamir Khan
[0 83 22] (1) Salman Khan
[4 22 86] (2) Shahrukh Khan
 (0) (1) (2)
```

12.8 API

对于人脸检测和识别有很多好上手的 API 可以直接使用。

这是一些人脸检测的 API 例子：

- PixLab
- Trueface.ai
- Kairos
- Microsoft Computer Vision

这是一些人脸识别的 API 的例子：

- Face++
- LambdaLabs
- KeyLemon
- PixLab

如果你想从一个提供方那里实现人脸检测、人脸识别以及人脸分析，现在有三大巨头在这方面领先。

- Amazon 的 Amazon Recognition API
- Microsoft Azure 的 Face API
- IBM Watson 的 Visual Recognition API

Amazon 的 Amazon Recognition API 可以完成四种识别任务。

- 对象与场景检测：辨别各种有趣的对象如自行车、宠物或者家具，它可以返回一个置信度的分数。
- 人脸分析：可以在图片中定位人脸并分析人脸的属性，比如这张人脸是否在笑或者眼睛是不是睁开的，也给出一个置信度的分数。
- 人脸对比：Amazon 的 Amazon Recognition API 让你可以衡量两张图片中发现的人脸有多大可能是属于同一个人。不幸的是，同一个人的两张人脸图片的相似度还会取决于拍摄照片时的年龄。而且，局部照明的增加也会改变人脸对比的结果。
- 面部识别：此 API 使用私有存储库辨别给定图片中的人。快速且准确。

Microsoft Azure 的 Face API 会返回两张脸是否属于同一个人的置信度的分数。微软还有如下一些其他 API：

- 计算机视觉 API：它返回在一张图片中找到的可见内容的信息。可用于标记、描述以及指定领域模型的内容识别和按照一定的置信度贴标签。
- 内容审核 API：它可以检测各种语言和视频内容中的可能是暴力或者不受欢迎的图片、文本。
- 情绪 API：它可以分析人脸来检测一系列的感觉并且对你的应用程序响应做个性化设置。
- 视频 API：可以产生稳定的视频输出，检测运动，创建智能缩略图，还有检测并跟踪人脸。
- 视频索引器：可以找到视频中的一些关键项，诸如言论实体、言论中的感情极化以及音频的时间表。

- 自定义视觉服务：它基于内置的模型或者你通过训练数据构建的模型来完成一张新图片的标记。

IBM Waston 的 Visual Recognition API 可以实现如下一些指定的检测功能：

- 判断一个人的年龄。
- 判断一个人的性别。
- 判断一张人脸的位置边界确定的方框。
- 返回图片中检测到的名人的信息（没检测到明星就不返回）。

附录 1

图像处理的 Keras 函数

Keras 中的函数 ImageDataGenerator 可以提供实时增加的张量形式的批量图片数据。数据会以批量的形式无限循环下去。

函数如下：

```
keras.preprocessing.image.ImageDataGenerator
   (featurewise_center=False,
    samplewise_center=False,
    featurewise_std_normalization=False,
    samplewise_std_normalization=False,
    zca_whitening=False,
    zca_epsilon=1e-6,
    rotation_range=0.,
    width_shift_range=0.,
    height_shift_range=0.,
    shear_range=0.,
    zoom_range=0.,
    channel_shift_range=0.,
    fill_mode='nearest',
    cval=0.,
    horizontal_flip=False,
    vertical_flip=False,
    rescale=None,
    preprocessing_function=None,
    data_format=K.image_data_format())
```

函数的参数如下：

- featurewise_center：数据类型为 boolean。按每个特征将输入数据集的均值设为 0。

- samplewise_center：数据类型为 boolean。设置每个样本平均值为 0。
- featurewise_std_normalization：数据类型为 boolean。按特征将输入除以数据集标准差 std。
- samplewise_std_normalization：数据类型为 boolean。每个输入除以其标准差 std。
- zca_epsilon：给 zca_whitening 设置的 ε。默认值为 1e-6。
- zca_whitening：boolean 型，应用 zca_whitening。
- rotation_range：类型为 int。设置随机旋转的自由度范围。
- width_shift_range：数据类型为 float（总宽度的比例）。设置随机竖直移动的范围。
- height_shift_range：数据类型为 float（总高度的比例）。设置随机水平移动的范围。
- shear_range：数据类型为 float。设置剪切强度（逆时针方向的剪切角的弧度）。
- zoom_range：数据类型为 float 或者 [lower, upper]。设置缩放范围。如果是浮点数，[lower, upper] =[1-zoom_range, 1+zoom_range]。
- channel_shift_range：数据类型为 float。设置随机通道移动的范围。
- fill_mode：为 constant、nearest、reflect 或者 wrap 其中之一。输入中落在边界之外的点按照给定的模式填充。
- cval：数据类型为 float 或者 int。用于当 fill_mode=constant 时边界之外的点。
- horizontal_flip：数据类型为 boolean。水平方向随机翻转输入。
- vertical_flip：数据类型为 boolean。垂直方向随机翻转输入。
- rescale：重新标度因子。默认为 None。如果是 None 或者 0，意味着不使用重新标度。反之，给数据乘上提供的值（在做其他变换之前）。
- preprocessing_function：用在每个输入上的函数。这个函数将会在做任何其他修正之前被使用。此函数以一个参数、一张图片（秩为 3 的 Numpy

张量）作为输入，同时应该输出一个相同形状的 Numpy 张量。

- data_format：为 channels_first、channels_last 之一。channels_last 模式意味着图片应该形为 (samples, height, width, channels)。channels_first 模式意味着图片应该形为 (samples, channels, height, width)。默认为你的 Keras 配置文件的 image_data_format 的值，位于 ~/.keras/keras.json。如果你不设置的话，会默认为 channels_last。

函数的方法如下：

- fit(x)：计算依赖于数据变换的内部数据的统计量，基于样本数据的数组。只有当使用 featurewise_std_normalization、featurewise_std_normalization 或者 zca_whitening 的时候才需要。

  下面是方法的参数：

  - ❑ x：样本数据。秩应为 4。对于是灰度的数据，通道轴的值应该为 1；在 RGB 数据的时候，通道轴的值应该为 3。
  - ❑ augment：数据类型为 boolean（默认：False）。设置是否对随机增加的数据进行拟合。
  - ❑ rounds：数据类型为 int（默认：1）。如果 augment 给定，这将设置数据上传过多少增量数据会被使用。
  - ❑ seed：数据类型为 int（默认：None）。设置随机数种子。

- flow(x, y)：取 Numpy 数据和标签的数组，生成批量的增量或归一化的数据。无限地循环生成批数据集。

  下面是其参数：

  - ❑ x：数据。秩应该为 4。在处理灰度数据的时候，通道轴的值应该为 1；在处理 RGB 数据的时候，其值应该为 3。
  - ❑ y：标签。
  - ❑ batch_size：数据类型为 int（默认：32）。
  - ❑ shuffle：数据类型为 boolean（默认：True）。
  - ❑ seed：数据类型为 int（默认：None）。

- save_to_dir：None 或者 str（默认：None）. 这允许你可选地指定文件路径来保存生成的增量图像（对可视化很有用）。
- save_prefix：数据类型为 str（默认：''）。这是要保存的图像的文件名前缀（只有当设置了 save_to_dir 时有用）。
- save_format：或者是 png 或者是 jpeg（只有当 save_to_dir 设置了的时候有用）。默认：png。

yields：元组 (x, y)，其中 x 图片数据的 Numpy 数组，y 为对应的标签的 Numpy 数组。生成器无限循环。

此函数将帮助你在训练期间通过创建批量图像来实时增加图像数据。将在训练时传递。

处理函数还可以用来编写一些 Keras 库中没有提供的手动函数。

附录 2

可用的优质图像数据集

- MNIST：这可能是你能得到的数据集中最出名的一个，它是由 Yann LeCun 及其团队所整理的。这个数据集在几乎所有的计算机视觉的介绍或者教程中都会被用到。它包含了 60 000 张训练图片以及约 10 000 张测试图片。
- CIFAR-10：这个数据集因为 ImageNet 竞赛而变得极其有名。它包含 60 000 张 32×32 的图片，它们被分为 10 类，每个类别有 6 000 张图片。其中有 50 000 张训练图片和 10 000 张测试图。
- ImageNet：在 ImageNet Large Scale Visual Recognition Challenge 中使用的含标签的物体图片数据集。它包含了已被标记的物体、边框、描述性的文字以及 SIFT 特征。其中总共约有 14 197 122 个实例。
- MS COCO：MS COCO 数据集包含了 91 个日常物体类别，其中 82 个类别有超过 5 000 个标记的实例。总共 328 000 张图片中有 2 500 000 个标记的实例。相较于常见的 ImageNet 数据集，COCO 类别更少，但是每个类别的实例数更多。COCO 是一个大型的物体检测、分割以及带标题的数据集。
- 10k US Adult Faces：这是一个包含了 10 168 个真实的人脸摄影的数据集，以及其中 2 222 张人脸的记忆性的分数、计算机视觉和物理属性以及地标点标注测量。
- Flickr 32/47 Brands Logos：此数据集包含了真实世界的各种环境下的公司商

标图片，来自于 Flickr。它有两个版本：32-brand 数据集和 47-brand 数据集。总共有 8 240 张图片。

- YouTube Faces：这是一个关于人脸视频的数据集，它被设计来用于研究视频中不受限的人脸识别。此数据集包含了 3 425 个关于 1 595 个不同人的视频。
- Caltech Pedestrian：Caltech Pedestrian 数据集包含的是在自行车骑行中拍摄的大约 10 个小时的 640 × 480 30Hz 的视频，视频中是城市环境中的日常交通。大约有 250 000 帧（在约 137 分钟长的片段里），总共 350 000 个边界框和 2 300 个不同的行人被标注。
- PASCAL VOC：这是一个关于图片分类任务的巨大数据集。有 500 000 个数据实例。
- Caltech-256：这是一个很大的关于物体分类的数据集。其中图片被类别化并经由人工分类。总共有 30 607 张图片。
- FBI 犯罪数据集：FBI 犯罪数据集令人称赞。如果你对时间序列的数据分析感兴趣的话，你可以利用它来画出 20 年时间内的国家级犯罪率变化。

附录 3

医学成像：DICOM 文件格式

医学数字成像及通信标准（DICOM）是医学领域中用于存储或传输多个病人在不同的检查中所拍摄的图片的一种文件格式。

为什么用 DICOM

MRI、CT 扫描以及 X 射线图可以被存储在一个普通的文件格式中，但是鉴于医学报告的特殊性，许多不同类型的数据需要能展示在一张特定的图片中。

什么是 DICOM 文件格式

这种文件格式具有页头，包含了病人的姓名、身份证号、血型等基本数据。它还包含了各种医疗检查图片的空间分隔的像素值。

DICOM 标准是一种复杂的文件格式，可以用以下包来处理：

- `pydicom`：这是一个 Python 的图像处理包。`dicom` 是这个包的比较老的版本。在本书写作时，`pydicom 1.x` 是最新的版本。
- `oro.dicom`：它是 R 语言的图像处理包。

DICOM 文件显示为 `FileName.dcm`

```
import dicom

ds = dicom.read_file("E:/datasciencebowl/stage1/00cba091fa4ad62cc3200a657aeb957e/0a291d1b12b86213d813e3796f14b329.dcm")


(0008, 0005) Specific Character Set            CS: 'ISO_IR 100'
(0008, 0016) SOP Class UID                     UI: CT Image Storage
(0008, 0018) SOP Instance UID                  UI: 1.2.840.113654.2.55.1582830837145501044562724636106343359
(0008, 0060) Modality                          CS: 'CT'
(0008, 103e) Series Description                LO: 'Axial'
(0010, 0010) Patient's Name                    PN: '00cba091fa4ad62cc3200a657aeb957e'
(0010, 0020) Patient ID                        LO: '00cba091fa4ad62cc3200a657aeb957e'
(0010, 0030) Patient's Birth Date              DA: '19000101'
(0018, 0060) KVP                               DS: ''
(0020, 000d) Study Instance UID                UI: 2.25.86208730140539712382771890501772734277950692397709007305473
(0020, 000e) Series Instance UID               UI: 2.25.11575877329635228925808596800269974740893519451784626046614
(0020, 0011) Series Number                     IS: '3'
(0020, 0012) Acquisition Number                IS: '1'
(0020, 0013) Instance Number                   IS: '88'
(0020, 0020) Patient Orientation               CS: ''
(0020, 0032) Image Position (Patient)          DS: ['-145.500000', '-158.199997', '-241.199997']
(0020, 0037) Image Orientation (Patient)       DS: ['1.000000', '0.000000', '0.000000', '0.000000', '1.000000', '0.000
']
(0020, 0052) Frame of Reference UID            UI: 2.25.83033509634441686385652073462983801840121916678417719669650
(0020, 1040) Position Reference Indicator      LO: 'SN'
(0020, 1041) Slice Location                    DS: '-241.199997'
(0028, 0002) Samples per Pixel                 US: 1
(0028, 0004) Photometric Interpretation        CS: 'MONOCHROME2'
(0028, 0010) Rows                              US: 512
(0028, 0011) Columns                           US: 512
(0028, 0030) Pixel Spacing                     DS: ['0.597656', '0.597656']
(0028, 0100) Bits Allocated                    US: 16
```